日本海軍潜水艦戦史

海軍特殊潜航艇

真珠湾攻撃からディエゴスワレス、シドニー攻撃隊まで

勝目純也｜著

THE IMPERIAL JAPANESE NAVY MIDGET SUBMARINES

Attack Groups from Pearl Harbor to Diego Suarez and Sidney

大日本絵画

はじめに

特殊潜航艇や甲標的という名前を聞くと、伊号潜水艦に搭載されて真珠湾攻撃の際に航空攻撃と同時にその港内に侵入する任務を帯びて出撃したことを想起する人も少なくないだろう。

日本海軍の2人乗り小型潜水艇「甲標的」は、太平洋を進撃してくる米艦隊を邀撃し、主力艦同士による艦隊決戦前にその兵力を漸減することを目的に開発されたものである。つまり、洋上において甲標的母艦から発進して艦隊前程に散開布陣し、その網に敵艦隊を捉え、1隻でも多くの敵主力艦を戦列から離れさせるためである。

その開発、熟成はこの艦隊決戦思想に立脚して行なわれ、訓練内容もそれに即したものであった。

ところが、開戦直前、真珠湾攻撃を検討する段階になって突然に甲標的による港湾内突入作戦が浮上することとなる。これは本来の開発意図には全くそぐわない用法であった。

こうして真珠湾攻撃やマダガスカルのディエゴスワレス湾、オーストラリアのシドニー湾など港湾侵入作戦に投入された甲標的は改めて"特殊潜航艇"と称され、これらの攻撃隊は"特別攻撃隊"と呼ばれることとなった。

本書では甲標的の開発から訓練、携わった人物たちを軸に、未帰還となった真珠湾特別攻撃隊やディエゴスワレス湾、シドニー湾へ突入した第2次特別攻撃隊がいかなる最期を遂げたかについてを、米側資料と照らし合わせ、写真と図版を用いて解説することを目的としている。とくに写真については特潜会で所有する貴重なものをご好意により掲載することができた。

甲標的/特殊潜航艇の戦史には謎が多い。

例えば第1次、第2次特別攻撃隊を合わせた10艇の特殊潜航艇のうち、作戦直後から現代にいたるまでに9艇までが発見され、あるいは引き揚げられているが、艇内に残っていた遺品などで確定された一部を除き、いまだにどの艇がどの乗員のものであったかが判明していない。

甲標的は言うまでもなく、一旦潜水艦や基地を発進してしまえば単独隠密行動のためその航跡や最後の様子が不明な艇も少なくない。

本書では少しでもその真実に近付くことはできないかと、元特潜会の植田一雄氏に指導をいただきながら、推考を重ね執筆した。

読者の方々が少しでも甲標的についてご理解いただく材料のひとつとして提供できれば、望外の幸福である。

勝目純也

本書をお読みいただく前に

甲標的と特殊潜航艇

用法・開発

甲標的と聞けば真珠湾攻撃での特別攻撃隊や九軍神を思い浮かべる方が多いと思うが、本来はこうした港湾への襲撃を目的として開発された兵器ではなかった。

ワシントン、ロンドン軍縮会議において対米英に対して戦艦など主力となる兵力を6割の比率に制限された日本海軍は、日本海海戦の再来を目論み、漸減作戦なるものを構想した。すなわち、主力艦の劣勢を補うため艦隊決戦の前に少しでも敵主力艦の減勢を図るというものであり、そのひとつの手段として考案されたのが小型潜水艇による作戦である。それは決戦に先立ち母艦4隻から発進した、小型潜水艇48隻96本の魚雷が米艦隊を襲い、敵主力艦を1隻でも2隻でも減じようとする作戦構想だ。

昭和6年に艦政本部で発起され、昭和7年に設計に着手、2度の試験を経て昭和15年に制式化されたその小型潜水艇は「甲標的」と命名された。

建造

甲標的は最終的に大別すると甲型、乙型、丙型、丁型の4つの型式が開発、建造され実戦に投入された。

当初の甲型の建造は呉海軍工廠魚雷実験部で行なわれ､約30隻が完成している。つまり当初は「小型潜水艇」と言った艦艇ではなく、消耗品である兵器「魚雷の延長」として建造された。昭和17年からは大浦崎分工場で建造が開始され、甲型約20隻が建造された。

昭和18年、大浦崎で乙型として第53号艇が試作され、同年秋からはその量産型となる丙型40隻の建造が開始された。よって乙型は1隻しか建造されなかった。この段階で所管が呉工廠水雷部に移管された。

昭和19年夏から丁型が開発され、同年末からこれを「蛟龍」と名付けての量産が大浦崎、呉、横須賀、舞鶴の各工廠、三井玉野、三菱長崎などで実施された。これら民間工場も当時としては画期的なブロック建造方式がとられ大量生産を図ったが、舵機、発射管、潜望鏡、ジャイロ、発電機、電動機などの製造が追いつかず、結局「蛟龍」のドンガラだけが大量に並んでいる状況で終戦を迎えたのである。

甲標的の分類と特殊潜航艇の概念図

分類	型式	艇番号	概要	乗員	配備海面と投入作戦
兵器		第1号艇 第2号艇	・第1次試作艇 ・第2次試作艇	2名	
	甲型	第3号艇 〜 第52号艇	・甲標的最初の量産タイプ **特殊潜航艇** ※真珠湾、ディエゴスワレス、シドニー攻撃隊の使用した甲標的のみを称する。	2名	**・真珠湾攻撃** **・ディエゴスワレス攻撃** **・シドニー攻撃** **・ガダルカナル泊地攻撃** ・キスカ配備
	乙型	第53号艇	・航続力延伸のため発電機と充電装置を備えた試作艇	3名	・実験終了後ラバウル進出
	丙型	第54号艇 〜 第101号艇	・乙型の量産型	3名	・ラバウル（配備予定未着） ・ハルマヘラ ・トラック **・フィリピン・セブ、ダバオ** ・父島 **・沖縄** ・高雄（マニラから配備変更）
艦艇	丁型（蛟龍）		・離島防衛・本土決戦用に開発された型式。はじめて艦艇に類別された。	5名	**・沖縄** ・本土

※太字は実戦参加を表す

甲型

昭和9年の1次試作、昭和15年の2次試作を経て量産化されたタイプで、のちに発電機を装備した甲標的を試作した際、それまでの型を甲型、発電機装備型を乙型と区別した。よって最初から甲型と称されて建造された訳ではない。

1次試作艇よりモーターの強度増加、操縦室の拡大、縦舵機力量の増加、縦舵面積の増加、応急補助タンクの増設、航続距離の延伸、2次試作からは水中の速度が逆に24ノットから19ノットに低下した。

さらに真珠湾攻撃の第1次攻撃隊仕様としては、後部の電池を1/4陸揚げして気畜器を増載。頭部に防潜網突破用網切り、魚雷発射管前に8の字カッター、プロペラガード、セイルと艇首間に保護索を設けた。また搭載中の母潜水艦との連絡用の電話装置を装備し、自爆装置も設置した。

第2次攻撃隊仕様では、母潜水艦と甲標的の間に水密交通筒を設置。縦舵動力を油圧にし、水中聴音機を増備。発射管前に水密のキャップを付し、発射の前に艇内操作で離脱するようにした。また通風装置、ジャイロコンパスを改良した。キスカへの配備、ガ島への攻撃までは甲型である。

一般的に混同されがちだが、「特殊潜航艇」とは真珠湾攻撃の第1次攻撃隊、ディエゴスワレス湾、シドニー湾の第2次攻撃隊に使用された甲標的のみを指し、それ以外の甲標的、あるいは甲標的全てを特殊潜航艇と称するのは正しくない。

乙型

乙型は甲型に対して、セイル下部の操縦室後部を約1m延長して、40馬力25キロワットの自己充電装置とディーゼル発電機を装備したいわば試作艇である。第53号艇1艇しか建造されず、そのまま丙型に移行された。第53号艇はのちに名倉艇(艇長：名倉 司中尉。海兵70期)としてラバウルに進出した。

丙型

乙型で実績の良かった充電装置、発電機を装備し、その結果として水上航続距離が500浬となり水上航走用充電用の機関を搭載したため、乗員も電機員1名を加えて3名となった。しかし航続距離が伸びるのはあくまで水上航走により充電器を動かすことができた場合に限られる。敵の威力圏下、潜航状態での充電は困難で、これまでの航続距離と変わらない。

丙型は昭和19年まで(第54号艇から第101号艇まで)が生産され、ラバウル、ハルマヘラ、トラック、セブ、ダバオ、父島、沖縄、マニラ(のちに高雄)に配備された。最も活躍したタイプで

甲標的各型要目表

	甲型	乙型/丙型	丁型「蛟龍」
排水量	46.0トン	50.0トン	59.3トン
全　長	23.90m	24.90m	26.250m
安全潜航深度	100m	100m	100m
速　力	水上6ノット	水上6ノット	水上8ノット
	水中19ノット	水中18.5ノット	水中16ノット
航続力	水上	水上6ノット500浬	水上8ノット/1,000浬(発電機運転時)
	水中19ノット50分	水中18.5ノット50分	水中16ノット/40分
発電機	なし	40馬力25kW	150馬力
電動機	600HP	600HP	
生蓄電池	特D224		
魚雷発射管	45㎝×2	2式45㎝×2	45㎝×2
乗　員	2名	3名	5名

あったが、資料が少なく、また完成するとすぐさま外地に出撃し、内地に留まっていた艇がなかったため、細かな仕様が明らかになっていない。

丁型「蛟龍」

本土近海も敵の制空権下となることが予想され、また味方水上艦艇は自由に行動できなくなるに及び、本土・離島防衛は潜水艦以外に頼みとするところがない戦局となった。そのため、甲標的の性能向上が計画され、昭和19年から試作に入ったのが丁型、すなわち「蛟龍」である。

排水量、全長、最大幅がこれまでの甲標的と比べ大きくなり、メインタンクと2.5トンの重油タンクを有した。150馬力の発電機を装備し、航続距離が大きく伸びた（8ノットで1,000浬）。さらにフロンガスの冷房機や艦内厠、無線檣を装備し、乗員も内火、通信の艇付1名ずつを増員して艇長以下5名となった。

基本性能

甲標的は小型で運動性能が優れている印象を受けるが、実態はその逆と言ってよい。まず排水量が約50トンと小型であるが故にツリム調整が困難で、外洋の波浪に対して一定の深度で航行することは高い練度を必要とした。通常多くのケースで、司令塔が海面に露出する浸洗状態となり被発見率が高かった。後進能力が小、旋回径は軽巡洋艦並みの大きさだったのである。また魚雷を艇首に2本装備しているが、1本発射すると、そのぶん艇首が軽くなり海面に跳ね上がることは避けられなかった。練度の高い艇付といわれた下士官の卓越した操縦によっていち早く艇体を制御して、2本目の発射に備えることができるが、2本同時に発射ということはできなかった。

また過酷であったのが搭乗員をとりまく艇内における環境である。乙型から充電能力を持つことにより航続力が増大したが、敵の威力圏下に行動する場合、密閉された艇内の環境は当然ながら時間と共に劣悪となり、普通5時間あまりで肩で息をする状態となり、7時間から9時間では意識が混濁することも覚悟しなくてはならない。よって、浮上航行によりハッチを開放して換気ができれば問題ないが、潜航した状態での長時間の作戦行動には限界があった。

さらに潜航・浮上を容易にする潜舵がないことや、特眼鏡という視野の小さな潜望鏡が1本、片目だけで操縦しなくてはならない困難さは想像を超えるものがある。このような性能で20歳過ぎの若者が、真珠湾やシドニー湾などの警戒厳重かつ港湾深く潜入を果したことは驚嘆に値する。

教育・訓練

甲標的は秘密兵器であるので海軍部内でほとんどの人が見ることはできなかった。また前述のようにその操縦には高い錬度を必要としたため、専門の講習を受ける搭乗員養成が実施された。これを講習員と称し、第1期から第20期まで、昭和15年から終戦まで艇長85名、艇付3,200名が養成された。

昭和15年から昭和17年の初期段階では、艦隊勤務を経験した中少尉と水雷、通信、操舵などを専攻した下士官に対してマンツーマンで行なわれた。

第１部

甲標的の制式化と搭乗員養成

日本海軍は来たるべく米太平洋艦隊との艦隊決戦に際して、劣勢な戦力を少しでも挽回すべく、漸減作戦なるものを立案した。

すなわち、米艦隊がはるか太平洋を横断し日本近海の決戦海域に到達する前に、航空機、駆逐艦、潜水艦で監視・追躡・触接を続け、１隻でも敵主力艦を漸減させる作戦構想である。

甲標的は、この漸減作戦において多大な戦果を期待される秘密兵器であった。

それでは戦艦「大和」と同様の機密扱いで開発・建造された甲標的とは、いったどのような兵器であり、搭乗員はどのように養成されたのだろうか。

その戦力化までの軌跡を追う。

▲第１次特別攻撃隊各艇長と甲標的関係士官で、真珠湾攻撃にあたって「千代田」を退艦する際に撮影されたもの。前列中央が甲標的の育ての親である「千代田」艦長原田 覚大佐。その右には岩佐直治大尉、２列目左から横山正治中尉、広尾彰少尉、酒巻和男少尉、古野繁美中尉ら第１次攻撃隊艇長が揃う。他は甲標的に関係する士官である。

第1章

小型潜水艇の開発

艦政本部1部2課長 岸本鹿子治 大佐

▲日本海軍にとって重要かつ特徴的な兵器となった酸素魚雷と甲標的の開発に深く携わった艦政本部第1部第2課長の岸本鹿子治大佐。その後、戦艦「金剛」艦長を経て昭和11年12月少将へ昇進。呉海軍工廠魚雷実験部長となる。昭和15年1月予備役編入となり三菱長崎兵器製作所所長を勤めていたが、昭和18年9月、空技廠研究業務嘱託となり終戦を迎えた。昭和56年元旦に死去。

発想は「魚雷発射のための母魚雷」

昭和6年11月2日、艦政本部第1部第2課長に岸本鹿子治(かねぢ)大佐が着任した。岸本大佐は、ただちに純酸素魚雷に注目、その開発に心血を注いだ。しかしのちに日本海軍が世界に誇ることとなる純酸素魚雷も当初は危険で実用に適さないと艦政本部総務部長、軍務局長の反対が強かった。それに対し「人を殺さぬこと」を条件に反対勢力を説得し、部下である朝熊利英造兵中佐、呉海軍工廠実験部部員の大八木静雄造兵少佐らと計画を進め、ついに濃度100%の純酸素魚雷の開発に成功した。

次いで、岸本大佐は、横尾敬義退役大佐提案の「魚雷肉攻策」に関心を寄せた。横尾大佐の提案内容は、「被発見防止のため潜航可能な高速魚雷搬送体、魚雷発射のための魚雷」だった。横尾大佐は中尉時代、旅順戦において筏に機雷を搭載し、動力に魚雷を使用して湾内進入を企図したが猛烈な砲火を受け退避している。

そしてこの横尾退役海軍大佐提案の魚雷肉攻策にヒントを得た岸本大佐が、朝熊造兵中佐にその実現に向けて技術的可能性の検討を命じたものが、のちの「甲標的」である。

甲標的は魚雷か潜水艦か、すなわち兵器か艦船かということは議論や検討されずに魚雷屋だけで研究が進められた。

魚雷関連技術としては「耐圧円筒船殻」「高性能蓄電池」、とくに「薄型極板」「小型電動機」などの研究で日本海軍は世界をリードしており、ほとんど問題なく甲標的の開発は進められた。朝熊造兵中佐は、純酸素魚雷開発の多忙の中にも関わらず水槽実験を実施し、昭和7年春には設計案を提出した。魚雷状の船体、司令塔装備、全長25m、42トン、300ノット/50分間、乗員2名、53㎝魚雷2本という装備であった。

岸本大佐から甲標的の構想の提案を受けた加藤寛治大将と攻玉社中学同窓の軍令部第2部兵備担当の石川信吾中佐は志波国彬中佐に用法を研究させ「母艦に12基甲標的を搭載、敵艦隊前程で発進、襲撃する」という漸減作戦用法をまとめた。昭和7年5月、岸本大佐、石川中佐は伏見宮軍令部総長に構想案を直訴、「ぶつかる兵器ではないね」と念をおされた上で承認を得た。発想以来わずか6ヶ月であった。軍令部総長から通知を受けた藤田尚徳海軍次官は艦政本部から着任したばかりで委細承知しており、岡田海相は1基製造費15万円と聞き決裁を下した。15万円は今の貨幣価値からして約1億円

▲艦政本部第２部 朝熊利英造兵中佐（のちに技術中将）。大正７年東京帝大工学部造兵学科卒業の技術士官であり、水雷兵器の第一人者。温厚で学術肌の反面、部下への思いやりが厚く課員の尊敬を集め、無骨な岸本大佐とは不思議とうまがあったという。

▲昭和７年８月に甲標的設計に着手した際、電気系統を担当した艦政本部第３部 名和 武造兵中佐。

▲同じく船体を担当した艦政本部第４部の片山有樹造船中佐。

▲片山中佐と共に船体を担当した丸石山三郎技師。

烏小島

▼▶呉、呉浦にその昔周囲40mほどの小さな小島があり、烏小島といった。名前の由来は厳島の弥山に住む神鳥が紀州熊野へ帰る際、この島まで追いすがって来た子烏と鳴いて別れを惜しんだからだとされる。大正時代に呉工廠拡張の一貫で埋めたてられ、呉工廠魚雷実験部ができた。甲標的は主にこの実験部で開発が進められた。終戦後に米軍によって撮影されたもので、下の写真はその拡大。現在の潜水艦が見える唯一の公園とされる「アレイからすこじま」とは場所が異なる。（国土地理院所蔵）

第1次実験搭乗員

▲第１次試作艇実験搭乗員の加藤良之助少佐（左）と原田 新 機関中尉。加藤少佐はその後、甲標的講習員初代指導官として活躍し、のちに第51潜水隊司令として呂105潜に乗組み、昭和19年6月アドミラルティ北方で戦死した。原田機関中尉は海軍機関学校38期、戦後復員を果たす。

であろう。

昭和７年８月、岸本大佐がプロジェクトチームのリーダーとなり艦政本部各部から担当を集め開発チームを結成。第１部２課の朝熊造兵中佐が主務となり驚異的な速さで設計図を作成。10月には呉海軍工廠実験部に第１次試作艇製造訓令が出され、朝熊造兵中佐と酸素魚雷開発コンビだった大八木静雄造兵中佐が責任者となり甲標的の製造が開始された。チームには造船担当の片山有樹造船中佐が参加したが潜水艦担当の第５部からの参加はなかった。呉海軍工廠魚雷実験部は大正12年に創設、工廠敷地内の南西海上にあった烏小島（現在の烏小島とは別の場所）の小山を削り平地として、南西端に発射筒と調整場を作った。

昭和７年当時は、魚雷実験部の装備、要員養成は概ね完成。純酸素魚雷の実験開始を控え多忙な時期であったのである。

第１次試作、第１次搭乗実験

昭和８年４月、第１部２課は２部に昇格したが、岸本大佐は第１部部員として甲標的開発に専念した。甲標的試作艇製造の最大の問題点である水素ガス対策は石井欣之助技手発明の吸収装置で解決、６月試作完成、８月には実験訓令が出され呉海軍工廠 松下 薫 中将が実験委員長、大八木造兵中佐が技術責任者となった。

これより先の５月、潜水艦要員の加藤良之助少佐、原田 新 機関中尉が実験搭乗員として呉鎮守府（呉魚雷実験部長承命服務）に発令された。
実験は魚雷実験部で電気装置試験、搭乗員が乗組み炭酸ガスの発生量を計測する密閉試験、重心試験などの基礎試験を実施、試運転を魚雷実験部付近の海面で夜間、甲標的両舷に機艇各１隻をロープで括りつけて実施した。

この後、安芸灘で無人航走運転を実施し、「いるか飛び」を繰り返す性癖を丹念に修正した。「いるか跳び」とは潜水艦が姿勢制御をしようとしているのに対し潜航深度が深くなるのを抑えると浮き上がり、また潜航しようとすると過度に潜航し、それを修正しようとすると浮上してしまうような動きをイルカの運動になぞらえて言われたものであり、もし敵前でこのような姿勢になれば被発見につながり潜水艇にとり致命的となる。

その後、30分間の無人高速航走試験が８月に実施され、24.8ノットの速力を記録した。当初計画された30ノットに比し８割に過ぎなかったが、司令塔などの設置のため止むを得ないとしてとくに議論は呼ばなかった。秋には尾道沖で水深100mの耐圧テストを実施。加藤少佐らは、上下30mにも及ぶ「いるか跳び」を繰り返す運動を制御するのに苦労した。無人航走の時は安定しているのに対し、搭乗員が操縦すると「いるか跳び」は激しく、搭乗員の技量が疑われたこともあった。

10月上旬、ついに有人航走試験が行なわれた。甲標的が曳航する赤色ブイを陸上基点から観測して速力、旋回径、惰力などを計測した。赤色ブイが波を切る状況から水中を走る42トンの艇体を想像し、関係者は肩を叩きあって喜んだと伝えられている。

実験の中断と母艦建造計画

10月の搭乗試験のあと、翌昭和9年秋までは少なくとも搭乗実験は実施されていない。加藤少佐は、昭和8年11月15日付けで潜水学校教官兼呉海軍工廠潜水艦部員に発令されており、搭乗員実験中断が裏付けられる。加藤少佐は10月30日付けで期友、後藤 汎 少佐に死亡時の葬儀を依頼した遺書を託しており、さらに危険かつ重要な試験に従事する心構えだったと推察する。当時の潜水学校長和波豊一中将は後年、真珠湾特別攻撃隊の大本営発表を聞き「当時の加藤少佐の犠牲的精神と絶大のご努力に対し深甚の敬意を表し、真珠湾特別攻撃隊の大成功を得たるも実は貴官のご功績」と書簡を贈っている。

伏見宮に直訴までして全速で開発してきたこれまでの経過に比して約1年間にわたる実験中止は意外なものであるが理由は不明である。当時、岸本大佐は甲標的を外洋使用から局地使用に転換しようとして内燃機購入を画策したが承認されなかった、という話も伝えられており10月の搭乗実験を小型潜水艦として見た人は潜望鏡視界狭小、操縦性能不良、波浪に弱く外洋使用兵器として問題ありとしたのであろうか。

海軍はロンドン軍縮条約の不備を補うため昭和6年の第1次軍備補充計画、通称①計画(昭和6年度計画　ロンドン軍縮条約による制限内軍備補充計画)により条約制限内艦艇の建造、航空兵力の増強を図った。経済不況の中にも関わらず続いて第2次補充計画、②計画(昭和9年度計画)は第65回帝国議会で予算成立、昭和9年3月に公布された。

甲標的使用構想に基づく母艦建造計画を石川中佐担当の②計画に計上すべく岸本大佐は石川中佐と調整を進め、航空母艦「蒼龍」、「飛龍」と共に甲標的母艦「千歳」、「千代田」の建造計画が海防艦、航空機増強予算を削って昭和8年6月、軍令部商議を経て計上された。試作艇がようやく完成したばかりで、その性能も皆目不明な時だった。

昭和9年10月、1年間中断された搭乗実験は再開され、宿毛湾北隣の平城湾を基地として豊後水道で外洋搭乗実験が実施された。試験の結果は耐波性、凌波性が全く不充分で甲標的は波浪に翻弄され行動不能となり、外洋における使用不適と判定された。岸本大佐は外洋試験の結果判定を待たず戦艦「金剛」の艦長に転出した。

実験の成績を受け昭和10年3月、実験委員長、呉海軍工

水上機母艦 千歳

▲昭和13年7月18日、四国佐多岬沖で全力公試運転中の「千歳」。第1状態を水上機母艦、第2状態を甲標的母艦と計画して建造、先に「千代田」と「日進」が甲標的母艦に改造され、続いて「千歳」と「瑞穂」も甲標的母艦に整備される予定だったが、未着工のまま開戦を迎えた。

廠長松下 薫 少将から大角岑生海軍大臣へ提出された「開発中止あるいは要求性能変更等抜本的対策」意見書は第1次試作艇設計図とともに艦政本部の金庫に仕舞いこまれた。
　昭和9年12月、日本政府はワシントン条約破棄を米国に通告。軍令部は無条約時代に備え、③計画（昭和12年度計画　ワシントン・ロンドン両条約期限満了に伴う補充計画）の策定に着手した。正規艦艇建造と航空軍備充実が主となり、甲標的計画の比重は低下した。昭和9年春、着任した軍令部第1部1課首席部員、中沢 裕中佐は甲標的の説明を聞き「潜航中、波浪のため船体を暴露しないよう深度を大にする工夫を必要とするが艦隊決戦に使用し得ると判断、母艦建造を計画した」と戦後回想している。中沢中佐の狙いは「連係水雷同様、敵艦隊前方に敷設し、敷設海面に敵艦隊を誘導する」ということだったと伝えられる。連係水雷の敷設運動至難、敵艦隊を敷設海面に誘導する高等戦術は具体的に検討されず「外洋使用不適」という実験成績は中沢の耳に入らなかった。
　②計画に続く③計画は無条約時代における最初の国防事業計画である。「大和」型戦艦、「翔鶴」型空母など正規艦艇の建造と航空部隊増強を主要目的とした他の追随を許さぬ意欲的な計画として昭和11年12月議会に提出。甲標的45基と母艦2隻が計上されたのは「漸減兵器」への期待が大きかったというより、一旦発動された事業を中止することの至難さを示していると考えるのが適当であろう。
　②計画の母艦「千歳」、「千代田」は昭和9年度艦として起工、甲標的の図面が艦政本部の金庫で保管されている間も最優先で工事が進められ、それぞれ昭和13年7月と12月に竣工した。③計画の「瑞穂」、「日進」はそれぞれ昭和12年、13年に起工され、昭和14年、17年に竣工した。
　軍令部は昭和12年度予算の甲標的予算を400万円として、電池などの一括購入を計画したが艦政本部から「電池は改善を要する」として賛同を得られず「使用できると上司に報告したのに」とこぼしたと伝えられる。

第2次試作艇建造、制式化

　昭和13年7月、母艦「千歳」就役により艦政本部に眠っていた甲標的設計書は3年半ぶりに日の目を見ることとなり、第2次試作艇設計の検討が開始された。
　昭和14年7月試作艇2基の製造訓令が出された。製造費は1基26万円だった。すでに母艦の甲標的格納、移動、発進装置は第1次試作艇寸法を基に製作されており、第2次試作艇寸法を大幅に修正することは困難だった。改造は舵、電池、発射管、無線装置搭載など一部に止まった。主務は「魚雷屋」の第2部だったことは変わりなく「小型潜水艦」としての観点からの検討はなかった。
　母艦は水上機母艦を第1状態として建造され、甲標的搭載時の第2状態は積み込みクレーン、艦内甲標的移動設備、発進装置を装備して12基搭載、母艦速力20ノット、100秒間隔の発進が計画された。
　昭和15年4月、実験搭乗員として関戸好密大尉、堀 俊雄機関中尉が呉海軍工廠に着任。5月に1号艇完成、基礎実験を呉、安芸灘で実施後、高速運転を伊予灘で、外洋試験を豊後水道で行なった。関戸大尉は昭和12年度起工、極秘試験を実施後、廃棄処分された小型高速潜水艦第71号艦の艦長として試験を実施した小型潜水艦経験者だった。
　7月には第1次実験搭乗員だった加藤中佐が呉工廠附となり実験に協力した。外洋試験は第1次同様、うねりや波浪に耐え得ず、発射試験を終えて曳船に横付けしたところ、魚雷は半射出の状態で管内に残っていたという情況だった。
　母艦からの発進試験は平穏な伊予灘で実施され「45トンの巨体が発進後、一旦水中に没するが、しばらくするとウエーキから出て航走を開始する情景は壮烈で、3隻の母艦から36隻の甲標的が発進し、敵艦隊に肉迫する場面を想像し。血沸き肉躍った」と艦政本部担当部員の感激は豊田副武艦政本部長以下同様で、外洋試験成績不良は忘れられた。
　1基のみの発進で、連続発進試験は行なわれず、関戸大尉は「千代田」の試験終了後、呉に入港した9月6日付けで佐世保に転出。外洋試験の結果は埋没され、そのまま甲標的は昭和15年11月に制式採用された。
　95式45㎝酸素魚雷、ジャイロコンパスはその1年後に納入された。無線装置は、無線機のアンテナを使用状態にするためにはハンドルを手動で50回転しなくてはならなかったが、見直されることはなかった。
　甲標的が制式化されたあと、戦力化担当責任者となった母艦「千代田」艦長の原田 覚 大佐は、「甲標的は魚雷として生まれ、その内容も魚雷である。しかし潜望鏡により観測し、接敵し、魚雷発射を実施するものは実質的に潜水艦である」と言って甲標的を小型潜水艦に発展させようと孤軍奮闘したが、一旦走り出したプロジェクトを途中で変更させることは至難の業だった。

第2次実験搭乗員

▲第2次試作艇実験搭乗員の関戸好密大尉（写真は戦後の撮影）。関戸大尉は水中高速艦の実験艦ともいうべき71号艦の艦長を務めるなど、日本海軍の中でも異色の経歴の持ち主であった。

▲同じく第2次試作艇実験搭乗員の堀 俊雄機関中尉。堀機関中尉はのちに呂57潜に乗組み、昭和18年4月には伊25潜の機関長に転勤するが、同年10月、フィジー、ニューヘブライズ諸島方面で消息不明となり、戦死する。

小型高速潜水艦71号艦

▲71号艦は水中高速潜水艦の開発を目的として建造された特殊潜水艦である。呉工廠小雷工場で秘密裏に建造され昭和13年8月21日に竣工した。水中25ノットを目指したが予定していたドイツダイムラーエンジンが入手できなかったこともあり、結果は21ノットに留まった。しかしそれでも当時の水中速力からは画期的な性能で、以降2年に渡り性能試験を繰り返したが凌波性に難があるという判定で昭和16年に解体されたことは惜しまれる。艦長は第2次試作艇実験搭乗員の関戸好密大尉。写真の斜めの状態が正しい姿勢である。

甲標的母艦「千代田」

▲昭和13年11月18日、佐田岬付近で速力試験中の「千代田」。「千代田」は第1次状態の水上機母艦として建造されたが、第2次状態として甲標的母艦に使用できるよう考慮して設計されていた。排水量12,500トン、速力28ノット、水偵12機または甲標的12基を搭載可能だった。甲標的母艦として30ノットの速度を要求されたが、友鶴事件の影響で復原性が見直され、艦の長さを10m延長したため、速度は29ノットに留まっている。のちに空母に改造され昭和19年10月25日、レイテ沖海戦で撃沈された。

千代田艦長
原田 覚 大佐

▶福島県出身、海兵41期。中尉の頃から潜水艦畑一筋の“もぐり屋”。のちに甲標的の育ての親とも言われ、甲標的を最も良く知る指揮官として第33特別根拠地隊司令官となり比島セブ島で、その特性をいかした戦いを続けるが、戦局挽回に至らずセブ島陸戦で辛酸をなめる。終戦により降伏したが、マニラの収容所で戦病死する。

▲やや不鮮明ながら甲標的母艦時代の「千代田」の側面型を捉えた貴重な１枚。艦橋後部に測距儀用の支筒が設置され、マストも後方にずらしている様子が見てとれ、艦尾の形もかわっているのがわかる。（写真提供：大和ミュージアム）

▼こちらは昭和１７年４月ころに「千代田」の煙突後方で撮影された乗員一同。艦橋トップと煙突の間に増設された支筒と高角測距儀が見える。わかりづらいが画面左下、はずされた前部カタパルトの基部には鉄板で蓋がされている。

甲標的母艦「千代田」の外観について

作図・解説／畑中省吾

第１状態（水上機母艦）　1/700図面

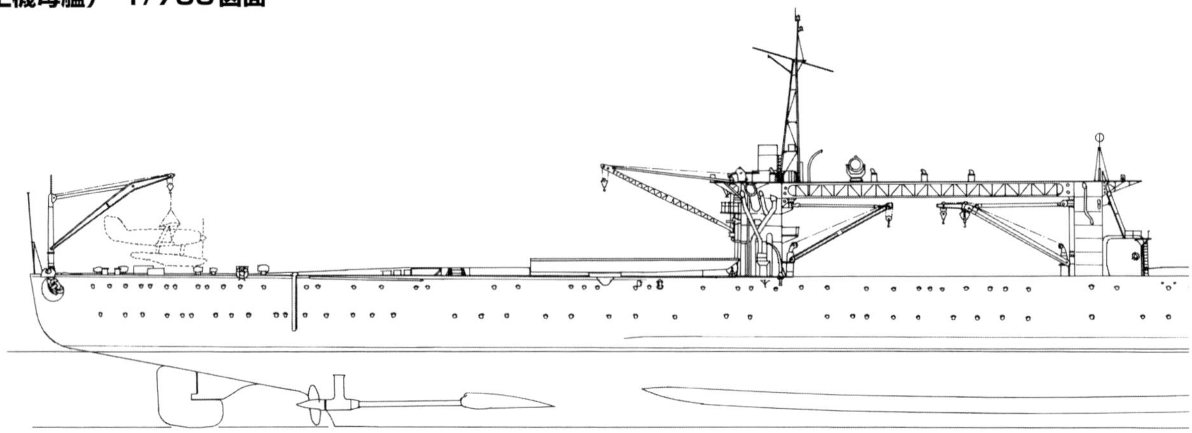

「千代田」の甲標的母艦時代を示す一般艤装図は確認されていない。甲標的自体が軍機扱いの兵器であったためか、この時代の写真もほとんどない。

しかし、幸いなことに、同じ水上機母艦の設計の一部を修正して甲標的母艦として就役した「日進」の一般艤装図が原書房刊「日本海軍艦艇図面集」に収録されている。この図が福井静夫氏の手元に残されたことは奇跡のひとつだろう。艦内側面図を見ると、本来なら甲標的の格納庫に当たる広い空所には、さすがに甲標的を臭わせる表現はされておらず、小さく「砲台」とのみ書かれている。切断図も同様であるが、艦内側面図の艦尾に見られるスロープと切断図のゲートは、知る者には何のための構造であるかがわかったことだろう。

「日進」と「千歳」型（「瑞穂」を含む）はほぼ同じ目的で建造された水上機母艦である。大きさも形状もとても似通っている（もちろん細かな差異はあるが）。「千代田」の甲標的母艦の図面が見られないとなれば、今日の話題社刊「海軍艦艇公式図面集」所収の水上機母艦および航空母艦の図面をもとに、そこへ「日進」の艤装を当てはめて推定するしかなかろう。こうしたいきさつで、筆者がいわばでっちあげたものが、掲載の艦型図である。見る人はそのつもりで見てほしい。ゆめゆめこの図を盲信しないことである。

「千代田」が甲標的母艦に改装されたのは、特別役務艦に指定された昭和15年8月以降である。以後、呉海軍工廠に何度か入渠して、昭和16年7月までの間に改装工事が施工されたと考えられる。「千代田」が最初に甲標的母艦となった。艦尾に甲標的発進孔を設置した姿で昭和15年10月11日の紀元2600年特別観艦式に臨んでいる。発進孔はキャンバスを使って隠していたらしい。なお、昭和17年竣工の「日進」の装備

第２状態（甲標的母艦）　1/700図面

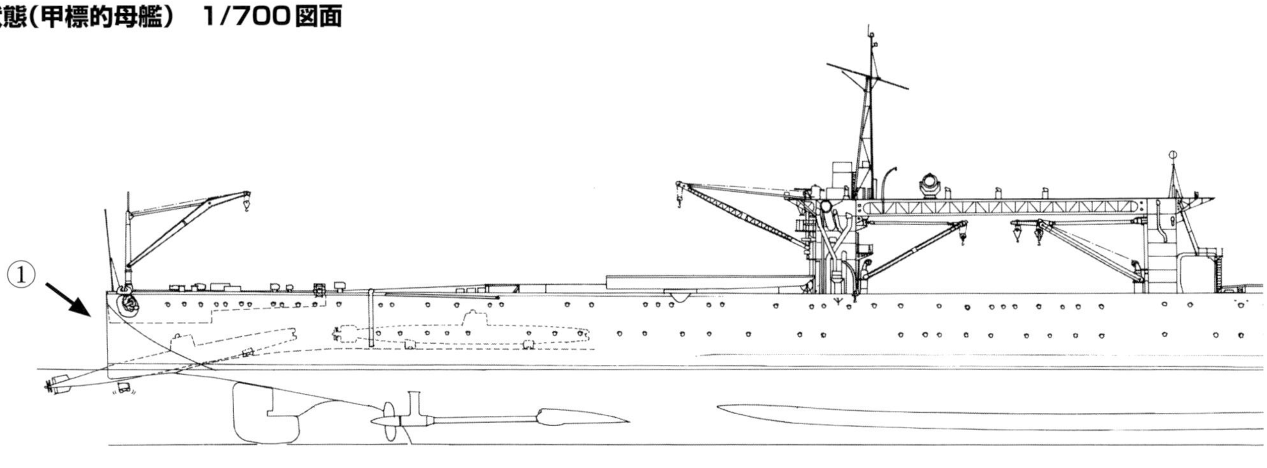

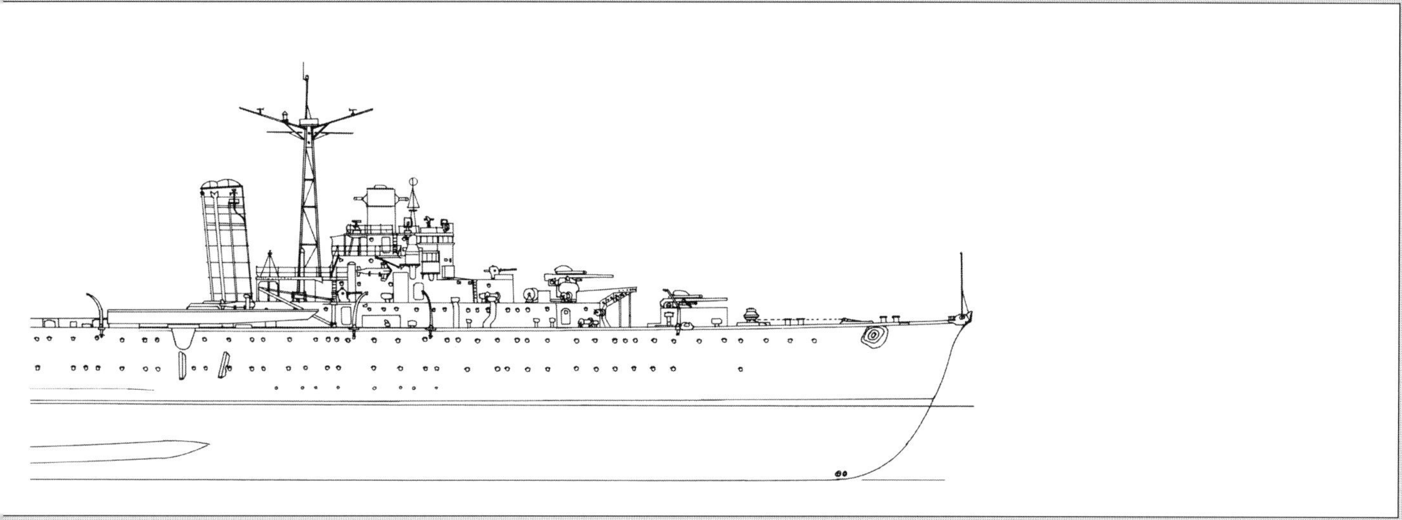

は「千代田」の使用実績に鑑みて決められたと思われる。
　艦型図について説明しよう。甲標的母艦時代の「千代田」の艤装がわかる写真はきわめて少ない。もちろん発進孔やその付近を写した写真など見つかっていない。ただ1枚だけ、遠景のシルエット写真が残っている。全体の形状の特色を知ることができるのは、これのみである。丸かった艦尾が垂直になっている。発進孔ゲートがあるからにほかならない①。改装されたのは艦尾だけではない。シルエット写真の艦橋付近を見ると、九四式射撃指揮装置の載った支筒が2本になっている。高角砲を増やしたわけでもないのにこれは変だ。
　その後、艦橋をバックにした「千代田」乗組員の記念写真が「世界の艦船」誌などに発表された(P.17下写真)。この写真から射撃指揮装置がダブルになっている謎のわけが判明した。つまり、もとの九四式があった支筒にあらたにおそらく甲標的の指揮用のものであろう、基線長5mくらいの測距儀が載っており②、その後ろにこれより高い支筒を新設し、ここへ九四式を載せ替えていたのである③。前檣は九四式の6m測距儀の回転を避けて、やや後ろへ下げてある④。ちなみに、同じ甲標的母艦の「日進」には測距儀は装備されてない。
　この記念写真からもう1点わかったことがある。缶室用煙突の脇にあった前部カタパルトの支筒頭に鉄板蓋がされていることだ。水上機の搭載数が半減したので前部のカタパルト2基は撤去されたということだろう⑤。
　以上が、不明点の多い甲標的母艦「千代田」について推定した外観である。他にも改装で変わった箇所があったかと思われるが、推定材料をもたない。

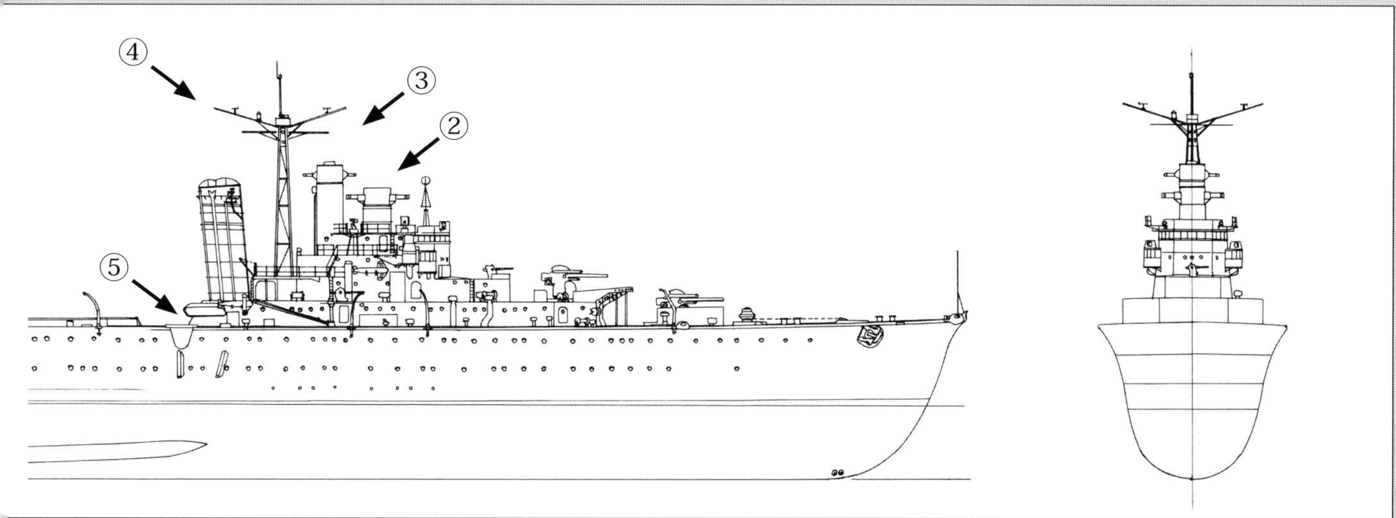

第2章

搭乗員養成と合戦準備

連合艦隊司令長官 山本五十六海軍大将

▲山本五十六連合艦隊司令長官と甲標的とは意外にも関係が深かった。山本長官は甲標的開発担当の岸本鹿子治大佐や、「甲標的育ての親」と言われた原田 覚艦長と上司、部下を越えたつながりもあり、甲標的に対する思いも強かった。昭和16年8月、旗艦「長門」艦上で第1期、第2期講習員、整備員、甲標的関係者36名に親しく激励訓示を行なったことでもうかがい知れる。ハワイ作戦では航空部隊の攻撃を絶対に成功させるための「だめ押し」として甲標的を投入したと考えられるが、あわせて搭乗員の生還について最後まで気にかけていた。

第1期講習員

昭和15年10月に甲標的が制式採用されると、岩佐直治中尉(兵65期)、秋枝三郎少尉(兵66期)、下士官ら11名が「千代田」乗組みに発令され、第1期講習員の教育が開始された。指導官には昭和9年実験搭乗員を勤めた加藤良之助中佐が発令され、原田 覚「千代田」艦長は、甲標的開発の全般統制にあたった。昭和15年末までに第3～第36号艇の製造訓令が出された。加藤中佐は「甲標的乗りの元祖」、原田大佐は「甲標的育ての親」と呼ばれた。

甲標的の性能が水中優速のみであることに疑問を抱いた原田艦長は、能力改善要望を宇垣軍令部第1部長に提出したが、四国長浜沖で訓練中の「千代田」に水上機で飛来した1部長に「甲標的は有望」と断定され、第2期講習が艇長10名、下士官22名に対して5月1日から8月20日の間実施され、開戦までに53号艇までの甲標的製造が訓令された。

講習内容は基礎的操縦取扱法と昼間の基礎的航行艦襲撃訓練であり、基礎術力の練成を目的としたものであった。よって本来の用法に対する発進訓練は経験的に1回実施されたのみであり、夜間訓練は全く実施されず外海での訓練も行なわれなかった。

甲標的搭乗員は8月27日、第2期講習終了直後旗艦「長門」において連合艦隊司令長官山本五十六大将より激励訓示を受けた。12組の搭乗員、指導官を含め36名が揃い山本長官から直々の激励を受け、士気極めて旺盛であった。

原田は9月に予定された「千代田」の第2状態(甲標的搭載状態)公試に対処するとともに、甲標的の改善を図ろうと12名の艇長の役割分担を次のように定めた。

「千代田」の戦力発揮に対する訓練整備

- 「千代田」乗組:岩佐直治中尉、松尾敬宇中尉、神田 晃少尉、古野繁実少尉、酒巻和男少尉、伴 勝久少尉、広尾 彰少尉
- 甲標的の改造研究(魚雷実験部):中馬兼四中尉、黒見兵曹長
- 第3期講習員指導(魚雷実験部):主任 加藤良之助中佐、秋枝三郎中尉、横山正治少尉、乙坂昇一少尉、八巻悌次少尉

この分担はあくまで能力向上を目的としたものであって、とくに港湾襲撃構想に対処するものではなかった。

第1期講習員

▲昭和15年11月15日に発令された第1期講習員。第1期講習員は12月1日から呉水交社及び、魚雷実験部へ宿泊し加藤良之助少佐の指導により講習を開始した。前列右から竹本正巳1曹(秋枝艇)、黒見兵曹長(甲標的搭載等指導)、秋枝三郎中尉、加藤良之助少佐、岩佐直治中尉、佐々木直吉1曹(岩佐艇)、松本 静兵曹長(八巻艇)、後列右から稲垣 清2曹(酒巻艇)、上田 定2曹(横山艇)、宇野 眞2曹(古野艇整備員)、横山薫範1曹(古野艇)、福井定一1曹(横山艇整備員)、片山義雄2曹(広尾艇)、芦辺 守1曹(伴艇)。

第2期講習員

▲第2期艇長講習員は昭和16年4月15日に発令され、海軍兵学校第66期から第68期までの10名が選出された。写真は前列左から中馬兼四中尉(海兵66期、シドニーで戦死)、松尾敬宇中尉(海兵66期、シドニーで戦死)、横山正治少尉(海兵67期、ハワイで戦死)、古野繁実少尉(海兵67期、ハワイで戦死)、神田 晃少尉(海兵67期、安芸灘で殉職)、乙坂昇一少尉(海兵67期、伊38潜水雷長で戦死)、後列左より広尾 彰少尉(海兵68期、ハワイで戦死)、八巻悌次少尉(海兵67期、生存)、酒巻和男少尉(海兵68期、ハワイで捕虜、戦後復員)、伴 勝久少尉(海兵68期、シドニーで戦死)

三机湾での訓練

▲三机は愛媛県西部にあり豊予海峡に向かって西南に長くのびる佐田岬半島のなかほどにある漁村で、その沖合いは当時船舶の航行も少なく、甲標的の機密実験や訓練を行なうには格好の場所であった。訓練科目は甲標的の操作、魚雷発射、「千代田」からの投下発進が主で、講習員は１日の訓練を終えて母船である「呉丸」に戻ると、その後、伝馬船で三机村に上陸、たった１軒しかなかった岩宮旅館の風呂を浴びるなどして疲れを癒したという。

◀初期の甲標的訓練は呉工廠魚雷実験部において構造及び取り扱いなどの座学を受けたあと、愛媛県の三机に進出し、呉工廠所属の曳船第１呉、通称「呉丸」に宿泊して三机湾外で初期の操縦訓練を実施した。写真はその「呉丸」後甲板で撮影されたもの。三机の訓練ののちに潜水学校の机上襲撃演習機で襲撃法を訓練し、再び三机に戻って航行中の「千代田」を目標とする襲撃訓練、「千代田」からの発進訓練を実施して講習を終えた。

呉丸にて

▶「呉丸」で和やかな表情で写る主任指導官の加藤良之助中佐(左)と同じく指導官の第１期講習員の秋枝三郎中尉。

▲「呉丸」船内での憩いのひと時。のちに特別攻撃隊員として活躍する彼らも、普段の姿は若々しさとあどけなさなも残る普通の若者の表情である。

◀三机にある岩宮旅館にて屈託のない笑顔を見せるの講習員たち。前列中央に神田中尉、その後ろは酒巻少尉、右端は横山中尉

◀漁船から鯛を贈られ喜ぶ講習員。古き良き時代、訓練中の海軍艦艇に漁船が近づき「海軍さん、食べてください〜」と取れたての魚を差し入れられたと聞く。この時もそんな微笑ましい日常のひとこまではなかったかと思う。前列右に八巻少尉、左は乙坂中尉、後列右から神田中尉、秋枝中尉、古野中尉。

第３期講習員

▶昭和16年10月1日発令の第３期艇付講習員。呉海軍工廠魚雷実験部にて撮影された集合写真。前列１番左はのちにガ島ルンガ泊地に出撃し戦死する外艇（10号艇）艇付 井熊新作２等兵曹。

▶同じく第３期整備講習員。

港湾襲撃作戦浮上

続いて原田は甲標的の改善のため、公試委員会に対し甲標的の戦術的価値を高める計画として、岩佐中尉に大体の骨子を示して成案作成を命じた。答申内容は、概ね艦隊決戦関連であったなかに「港湾襲撃」と題して「潜水艦に二艇搭載、湾口にて隠密発進」という用法が申しだされた。すなわち母潜水艦に甲標的を搭載し、発進させる「背負式」用法の発案である。山本長官が開戦劈頭の一撃効果の万全を期して悩んでいることを知る原田は「背負式」が一撃効果に寄与する反面、若人を犠牲にする覚悟を要すると悩んだ挙句、真珠湾攻撃成功を期して決断し、連合艦隊宇垣参謀長に意見具申をするのである。

10月2日、「千代田」は光市室積において連合艦隊旗艦「長門」と会合した。4日、原田は山本長官から背負式での真珠湾攻撃の可能性、改善事項について下問され、5日、岩佐中尉を帯同して面会、「可能性あり」と答申した。前述のように山本長官は8月下旬に甲標的関係者の視閲を行なっている。真珠湾空襲部隊の搭乗員が「長門」に呼ばれて激励を受けたという話もないのに、甲標的関係者を親しく励ましたという破格の処遇は、期待したものの大きかったこと、特殊だったことを示している。

しからば長官は甲標的に何を期待したのであろうか。長官はそもそも甲標的を洋上決戦兵器として見ていたのか。それとも湾港進入兵器とみていたのか。9月下旬、長官は真珠湾攻撃実行に対し、不退転の決意をますます固め「真珠湾をやれなければ対米戦はできない」として「鵯越(ひよどりごえ)と桶狭間と川中島を一緒にしたような」困難な戦に連合艦隊の全力をぶつける方策・検討に集中していた。

呉丸研究会議

▲三机湾の訓練では講習員たちは「呉丸」を宿泊船として利用し、時に岩宮旅館で風呂などを浴び家族的な雰囲気で休憩のあと、伝馬船を漕いで沖の「呉丸」に戻り夜遅くまで研究会を開いた。艇の操縦法や用兵上の問題など議論白熱することも珍しくなかったという。一説には艦隊決戦が実現せず、甲標的の使い道がなくなり港湾襲撃に切り替えるべきだと結論され、真珠湾に突撃させて欲しいと講習員の考えが研究会で結論されたというが、信義のほどは定かではない。

▼千代田艦長 原田大佐の日記では9月11日に岩佐中尉から潜水艦へ背負い式に搭載した甲標的用法の提案があったことが記述されている(8行目以降)。

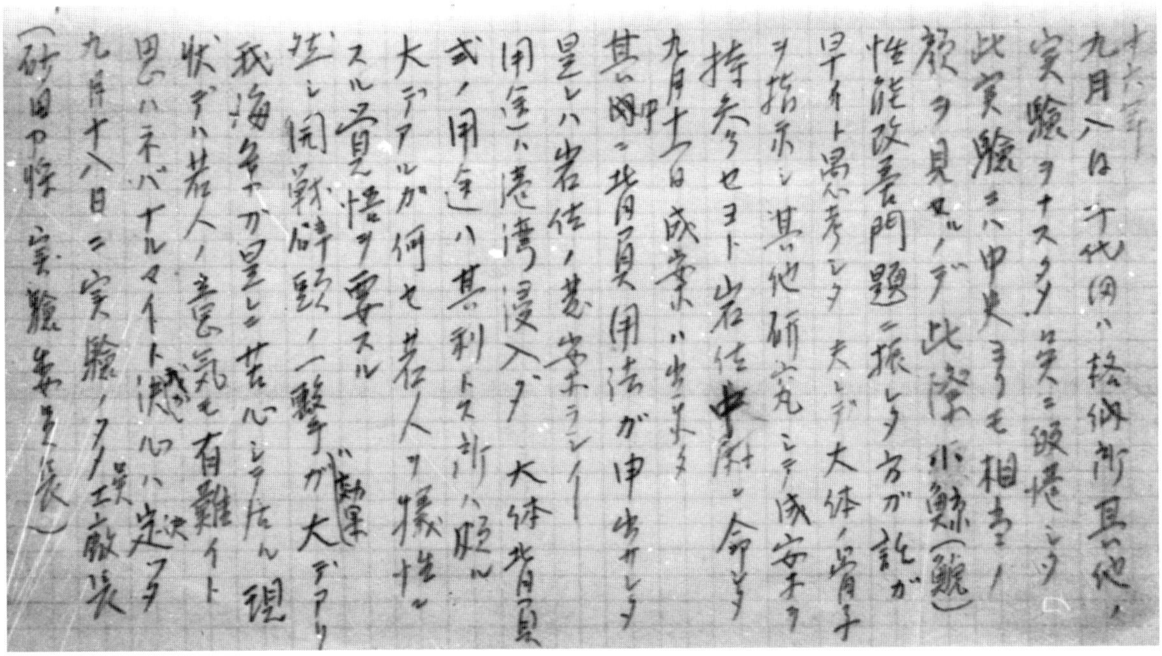

十六年
九月八日ハ千代田ハ技術部其他ノ
実験ヲナスタメ呉ニ碇泊シテ
此実験ニハ中央ヨリモ相当ノ
顔ヲ見セルノデ此際小艇(艇)
性能改善問題ニ振レタ方ガ[illegible]
早イト愚考シテ夫レデ大体ノ骨子
ヲ指示シ其他研究シテ成案ヲ
持参セヨト岩佐中尉ニ命ジタ
九月十一日成案ハ出来タ
其ノ中ニ背負用法ガ申出サレタ
是レハ岩佐ノ[illegible]案ラシイ
用途ハ港湾侵入デアル 大体背負
式ノ用途ハ甚ダ利トス[illegible]ハ
大デアルガ何セ若人ヲ犠牲ニ
スル覚悟ヲ要スル
然シ開戦時ノ一撃ガ大デアリバ戦果
我海軍ガ是レニ苦心シテ居ル現
状デハ若人ノ意気モ有難イト
思ハネバナルマイト決心ハ定ツタ
九月十八日ニ実験ノ為ノ工廠長
(砂田中将 実験委員長)

「鎌倉丸」見習い運転士

▲日本郵船「龍田丸」。「龍田丸」は日本郵船の北米航路用の遠洋客船。戦時に海軍の兵員輸送船として徴用され、昭和18年2月に御蔵島東方で米潜水艦の雷撃を受け沈没、荒天ということもあり乗員・乗船員あわせて1,481名全員が戦死した。

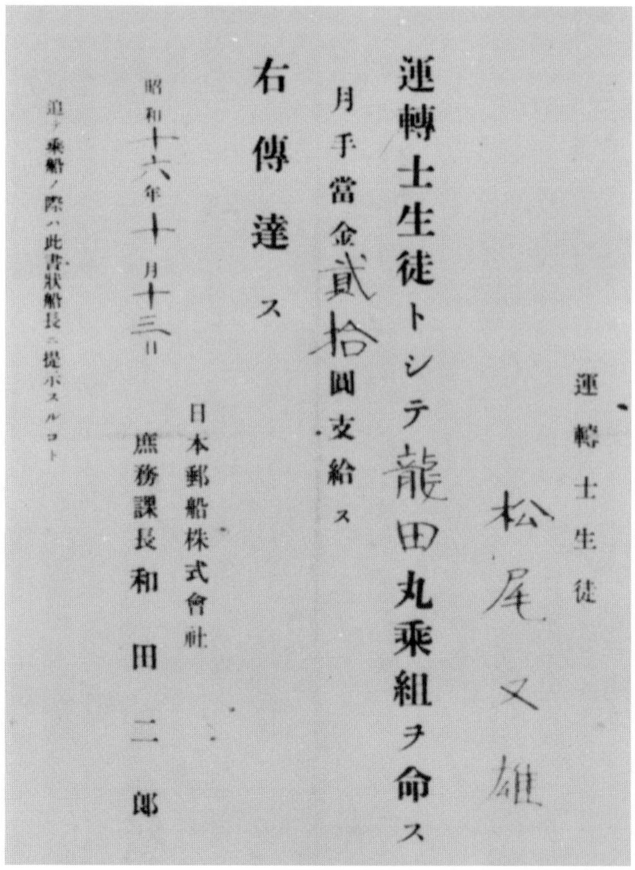

運轉士生徒
松尾又雄

運轉士生徒トシテ龍田丸乘組ヲ命ス
月手當金貳拾圓支給ス

右傳達ス

昭和十六年十月十三日

日本郵船株式會社
庶務課長和田二郎

追テ乘船ノ際ハ此書狀船長ニ提示スルコト

▲▶日米開戦が迫った昭和16年10月、「龍田丸」見習い運転士の制服を着て真珠湾の事前調査に赴く、松尾敬宇中尉（右）と神田 晃中尉。攻撃に参加する艇長に現場を見せる目的で「龍田丸」乗員になりすましハワイへの視察航海を実施した。右は用意された辞令で、松尾中尉の名前が「又雄」と偽名表記されている。

◀昭和16年11月、「龍田丸」での偵察任務を終え帰還した松尾中尉の慰労会を小早川邸で開いた時のもの。小早川邸は海軍兵学校第31期小早川隆次の呉の自宅で、前列左から2番目の女性は小早川家に嫁ぎ洋裁学校を開いていた峯子さん。小早川邸は女手もあることから第2期講習員の倶楽部として利用されていた。前列左から伴中尉、峯子夫人、松尾中尉、小早川隆次息子親子、後列左から神田中尉、甲標的関係者ではなくひとりおいて秋枝中尉、中馬中尉、円内は横山中尉。

昭和7年、航空本部長時代、鎌倉の自宅から東京へ出勤する列車の中で、甲標的開発担当の岸本鹿子治大佐と一緒になることが多く、甲標的に関して初期の頃から承知していたと思われる。また原田艦長とは山本夫人が同郷という縁もあって私的な付き合いが深く、長官が海軍次官で東京の官舎生活をしていた頃には、原田艦長令息が長官の鎌倉宅の留守番をされていたというような間柄であった。

長官の甲標的搭乗員への訓示に「この勝利を絶対のものにするには諸子の力にまつところ大なるものがある」という語句に関しては、空襲部隊の「駄目押し」としての用法を期待し、長官が一番気にかけていた日露戦争の旅順夜襲戦果不充分の轍を踏まぬための処置だったと想像してよいと思う。

当時、連合艦隊に出張中だった軍令部の有泉竜之介中佐は背負式の調整のため急きょ帰京、調整を終えて9日、再度搭乗員2名を交換船「龍田丸」の見習い運転士に変装、「ハワイ偵察」に派遣するように伝えた。7月末、対日資産凍結以来途絶していた対米交通緩和のため、政府は日本郵船「龍田丸」など3隻を米太平洋岸に派遣することになったのである。視察員の選定は山本長官が「先任者がよかろう」と言ったというが、原田は「岩佐を出しては後のことに差し支える」といって、松尾中尉と神田少尉が選ばれた。

10月15日夕刻、日本郵船の真っ赤な二引きのファンネル・マークを真っ黒に塗り替えた「龍田丸」は横浜港を出てハワイに向かった。ハワイ、ホノルルには2泊3日滞在したが、2人は上陸することなく真珠湾口に間断なく目を注いだ。次の寄港地サンフランシスコでは、アメリカは態度を一層硬化させ、岸壁まで届いている郵便物の荷役を拒み、情況によっては「龍田丸」抑留の恐れが出てきたため、郵便物を断念、船客の乗船を急がせ出港を繰り上げて全速で北上、11月14日横浜に入港した。

一方「千代田」に残った艇長5名に、指導官から引き抜いた横山少尉を加えた6名が真珠湾作戦に備え訓練、改造など、多忙な準備を始めた。「千代田」は、室積沖停泊中であり、魚雷実験部勤務の他の搭乗員とは完全に隔離され、10月20日に呉に帰投した。

原田は作戦発動までの間に訓練、改造可能と期待したが、予想より遥かに時期が切迫し、改造要求はほとんど却下された。洋上使用のみを考え、高速直進能力しかもたない甲標的には驚くべきことに後進機能が装備されていなかった。甲標的が狭水道を通過するためには後進能力を付加することは不可欠である。何故なら後進をかけ減速した上で舵を切らないと旋回半径がどうしても大きくなってしまうからだ。狭水道通過にはできるだけ旋回半径が小さい方が良い。原田は「若人の人見御供」を救うものと強硬な要求を繰り返し出撃ギリギリの11月5日から設置を開始した。

従来の訓練は目標の前程に占位して魚雷発射という基礎訓練に終始し、狭水道航行とか、短時間の航海訓練等は全く行なわれていなかった。後進能力とジャイロを装備した甲標的を使い、所要の訓練実施という要望は改造の遅れと時日の不足により豊後水道平城湾の夜間狭水道航行訓練（1組2回）と愛媛県の郡中沖の沈座訓練（1組1回）を実施するのが精一杯だった。ジャイロ装備は辛うじて間に合ったものの、後進能力付与は遅れ、狭水道訓練中に座礁事故発生、原田は日記に「後進不能の悲哀を感じた」と書いている。

また数時間の航行、特に夜間航行訓練の経験が全くないことを憂慮したのは岩佐大尉であって、柱島から広島湾まで4時間の夜間航行訓練を行なった。可動艇は1艇で岩佐大尉以外の艇長は訓練ができなかった。

親潜水艦の準備

10月20日、佐伯で訓練中だった第1潜水隊司令佐々木半九大佐は「伊22潜水艦を率いて至急に呉に回航、訓練工事実施の命」を受け、一切情報を与えられぬまま呉で甲標的の搭載工事を開始した。「大至急のことばかり」と戦後佐々木氏は回想している。

伊22潜の他に伊16潜、伊18潜、伊20潜、伊24潜の丙型潜水艦5隻が慌ただしい準備を始めた。任務目的をわからぬままの準備で「大至急」のことばかり多く、搭載・発進などのテストは加藤中佐指導のもと工廠作業員が行ない、実際に親潜水艦に甲標的を搭載しての潜航訓練を行なう余裕もほとんど無かった。

夜間狭水道通航訓練

真珠湾を空襲した飛行機部隊は、真珠湾に地形がよく似ている鹿児島湾で訓練したことは広く知られている。しかし真珠湾に突入した甲標的5艇の艇長のうち、10月21日第1次特別攻撃隊出撃準備が開始された時、岩佐大尉を除いた艇長らは夜間狭水道通航の経験が無かった。

昭和16年の5月〜8月の訓練では日没後自習、討論等が熱心に行なわれたが、夜間狭水道通航訓練は全く実施されなかった。

10月21日呉において準備作業開始、貴重な5日間を使い夜間狭水道通航訓練にあてた。訓練参加は、艇長予定の岩佐、古野、横山、酒巻、広尾の他、予備の伴が参加した。「千代田」から出て平城湾に入り、幅が広い地点で旋回して「千代田」に帰投する。酒巻氏は戦後、「灯火管制した千代田は真っ暗で

特殊潜航艇関連／瀬戸内西部地図

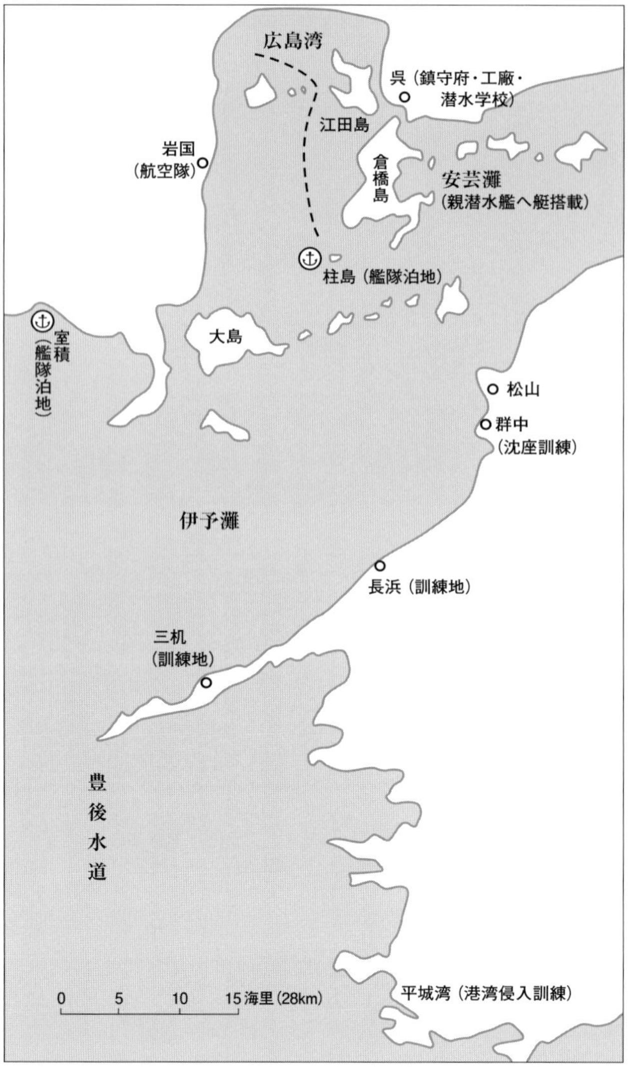

▼軍縮条約の制限を受けずに建造された新型巡潜型の中で、旗艦設備や航空兵装を持たない、重雷装型が丙型といわれるもの。艦橋の前甲板には14cm砲が装備されたが後甲板はフラットで何もなく、この部分に甲標的を搭載し発進させた。よく潜水艦の艦首の方向と同じ向きに甲標的を描く図を見るが、それでは発進することは困難で、図のように潜水艦の艦首と逆の方向に甲標的が搭載された。よって敵前で発進するときは、母潜水艦は艦尾を進攻する方向に向けて甲標的を発進させた。

丙型潜水艦への搭載図

作図：胃袋豊彦

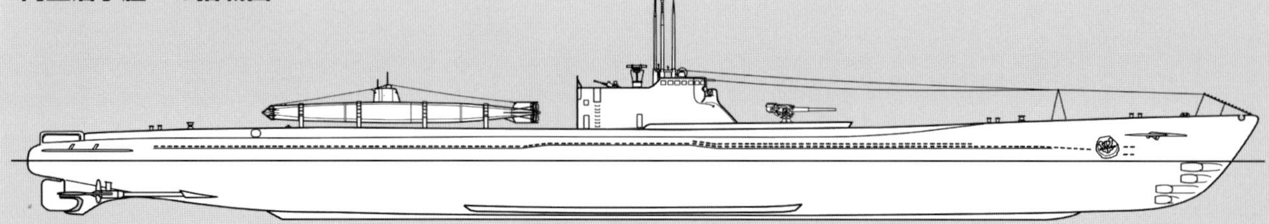

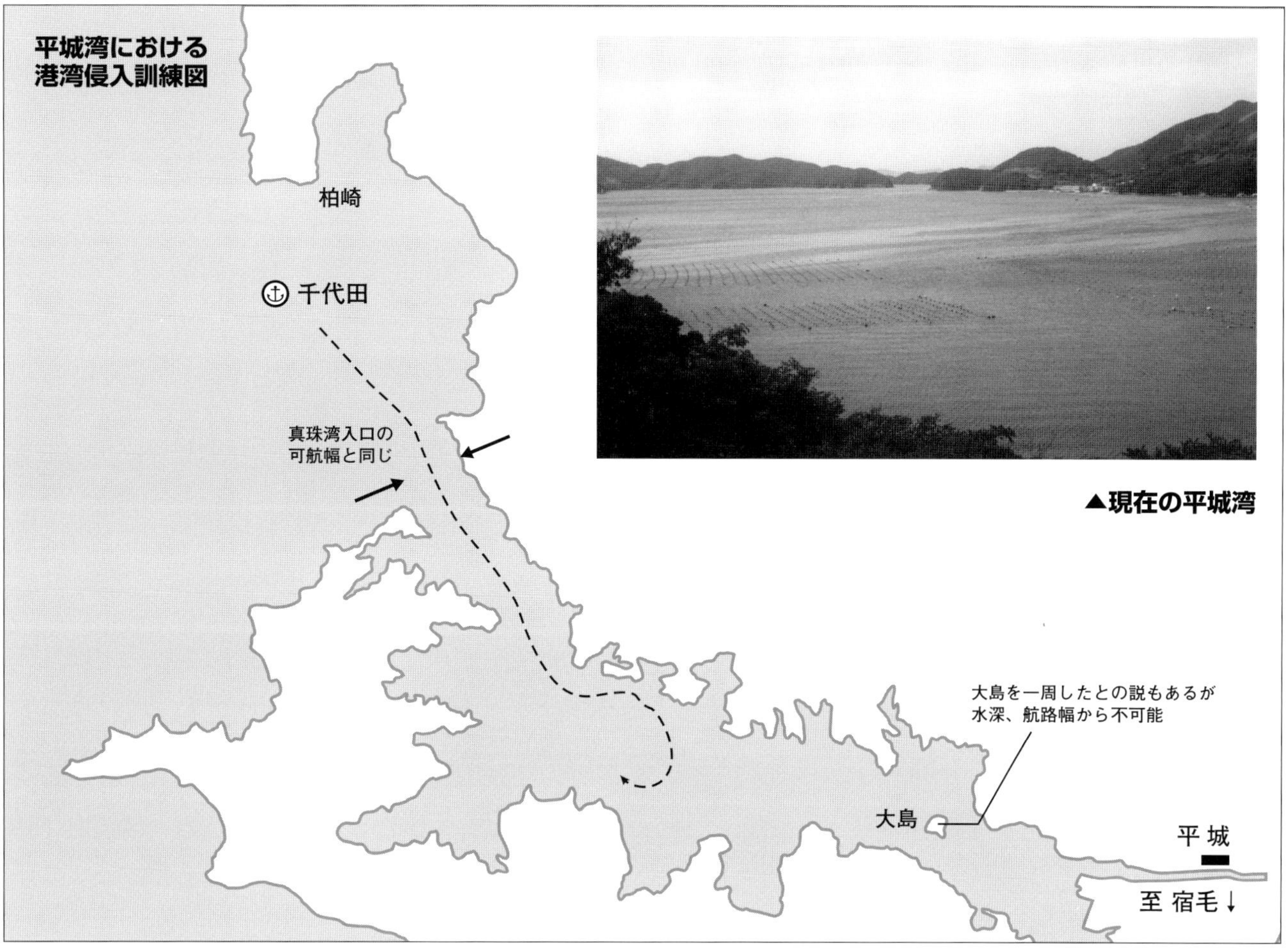

▲現在の平城湾

帰投困難だった」と証言しているが、原田「千代田」艦長の「原田日記」には、「満月の月煌々」と書かれている。

10月31日、酒巻、広尾、伴の若手3組、11月1日は岩佐、古野、横山の3組、11月2日は6組全部、11月3日は全艇沈座訓練を実施した。この訓練までに原田艦長が切望した後進装置は間に合わず、結局1隻が旋回の際、浅瀬に乗り上げた。「後進装置無き無念」と原田日記に書かれている。

11月5日、連合艦隊作戦命令に基づく先遣部隊命令により、潜水艦5隻を以て「特別攻撃隊」が編成され「甲標的による奇襲」任務が付与された。

当初艇長は、松尾、神田、古野、酒巻、広尾、予備、伴という原田の腹案は松尾、神田の真珠湾視察と岩佐の「発案者が参加するのが帝国海軍の伝統」という強い決意を無視できず、岩佐、横山、古野、酒巻、広尾、予備に伴と決められた。艇付は各艇長の固有艇付が選ばれ、隊員は11月10日付けで各親潜水艦に「一時転勤」を命ぜられた。呉から大迫沖在泊のバーシに搭載されたハワイ作戦用の甲標的に通って整備、発進試験に従事し、呉で作戦の打ち合わせに参加する等、昼夜を分かたぬ準備が続いた。11月14日、呉で特別攻撃隊作戦打ち合わせが、第6艦隊司令長官主催で開催、「筒(甲標的の秘匿名)潜水艦搭載使用に慎重を期すよう要望」した。

一方で「龍田丸」の見習運転士に変装してハワイ偵察を行なった松尾、神田は14日に横浜着、15日には呉で潜水艦長、艇長らに情況などを説明した。攻撃参加を熱望した松尾中尉は特別攻撃隊指揮官附として伊22潜に乗り組んで、再度ハワイに向かう。

出撃前夜、原田艦長は岩佐中尉を連れて帰宅、夫人に「よくしてやってくれ」と格別の心遣いをし、お守り札5ケを渡した。

「0200頃、ビールを命じ小宴、岩佐を宿泊せしむ。平生不離の御守五を渡した。之れが我らのなし得る最後のものであった」(11月18日・原田日記)

横山中尉は同僚が用意した送別会を欠席して徹夜で甲標的の修理を行ない、加藤中佐は出撃準備支援に当たった。

第1次特別攻撃隊出陣

▲第１次特別攻撃隊搭乗員および整備員。昭和16年11月10日、「千代田」を退艦するに当たり記念撮影をする第１次特別攻撃隊員と整備員。前列右より酒巻少尉、古野中尉、岩佐大尉、横山中尉、広尾少尉、中列右より林喬美上曹（戦病死）、松下宇之吉兵曹長（測量艦勝力沈没時戦死）、稲垣清兵曹長（酒巻艇艇付ハワイで戦死）、横山薫範１曹（古野艇艇付ハワイで戦死）、河本猛七郎１曹（岩佐艇整備員、後に沖縄陸戦で戦死）、佐々木直吉１曹（岩佐艇艇付ハワイで戦死）、山根利男２曹（酒巻艇整備員）、畑下五男３曹（横山艇整備員）、後列左より片山義雄２曹（広尾艇艇付ハワイで戦死）、吉田忠次郎２曹（酒巻艇整備員）、上田 定２曹（横山艇艇付ハワイで戦死）、宇野真２曹（古野艇整備員）、出羽吉次２曹（横山艇整備員）、木本薫二３曹（古野艇整備員）、赤木逸美３曹（岩佐艇整備員）

真珠湾特別攻撃隊

伊号潜水艦に搭載されてハワイ沖まで運ばれ、港湾侵入作戦に参加することとなった５艇の甲標的に待ち受けていた運命は過酷なものであった。

全艇が未帰還となった特別攻撃隊の最後の模様は、艇長が捕虜となって生還した１艇を除き、日本側で語ることのできる者はいない。

ここでは実に有名な作戦にもかかわらず、いまだ解明されていない謎が多く残る真珠湾特別攻撃隊の作戦の様子について、敵側である米軍の資料をふまえて検証してみたい。

▲江田島にある海上自衛隊第１術科学校に現在展示されている甲標的。真珠湾攻撃に向かった攻撃隊には過酷な運命が待っていた。

第3章

真珠湾攻撃

各艇発進までの苦難

昭和16年11月18日、特別攻撃隊の5隻の親潜水艦は闇にまぎれて安芸灘を出撃、荒天に悩まされながら一路ハワイに向けて東進した。

航行中の甲標的整備、特に整備員による電池充電作業は困難を極めた。母潜の艦橋ハッチから後甲板に降り、ライフラインにつかまって甲標的の横舵から這い上がり、甲標的内に入る際「ここで死んでたまるか」(横山艇整備　出羽吉次氏日記より)と気をとりなおして作業を続けた。

12月6日早朝(以下本章の表記は全てハワイ時間)、真珠湾南方100浬圏に到達。浮上して最後の甲標的の整備とともに、予備バンドの離脱作業を行なった。甲標的の親潜水艦への搭載固縛は呉海軍工廠造船部が実施した。親潜水艦の後甲板に艇首を親潜水艦と逆方向に搭載し、前後2本のバンドで固縛した。このバンドは親潜水艦の艦内から離脱可能なように作成された。無論強度に関しては充分な余裕が見積もられていたが。用兵者側から「念のためさらに1本増加」の要望があり、出撃期日の迫っている中を増設された。用兵者を代表して強く増設を要望したのは岩佐大尉、工廠担当技師は潜水艦設計に命を捧げた友永英夫技術大尉だった。しかし予備バンドを艦内から離脱可能とする工事は時間不足であり、上甲板上で人力離脱する構造を用意するのが精一杯であった。

当日、真珠湾南方海上は北東の風が強く潜水艦の上甲板における作業は困難を極めた。特に伊20潜では魚雷員、石井四郎兵曹の指揮により離脱作業中、広尾艇の艇付、片山兵曹を含む3名が海中に転落した。そのうち2名は救助されたが石井兵曹は2時間に及ぶ捜索も空しく行方不明となった。戦闘詳報では「真珠湾口に近接した際、受けた爆雷攻撃の激動によりハッチから転落死」と報告されている。岩佐大尉は「筒搭載中生起事項について」という所見を書き終えたあとであったが「補助バンドは簡単に取り外し、海中投棄し得る如くするを要す」と追記している。後にその補助バンドが簡単に取り外せなかったことで、広尾艇は思わぬ苦労をすることになるのである。

作業終了後、各潜水艦は潜航、湾口南方30浬の搭乗員移乗海面に向かった。この間、伊22潜においては岩佐大尉と艇付の佐々木兵曹を囲んで別杯が交わされ、岩佐大尉はこの後、従兵に起こされるまで熟睡した。伊16潜(横山艇)、伊

真珠湾　第1次特別攻撃隊

母潜	艦長	艇名	艇長	艇付
伊16潜	山田　薫 中佐	横山艇	横山正治 中尉	上田　定 2曹
伊18潜	大谷清教 中佐	古野艇	古野繁実 中尉	横山薫範 1曹
伊20潜	山田　隆 中佐	広尾艇	広尾　彰 少尉	片山義雄 2曹
伊22潜	揚田清猪 中佐	岩佐艇	岩佐直治 大尉	佐々木直吉 1曹
伊24潜	花房博志 中佐	酒巻艇	酒巻和男 少尉	稲垣　清 2曹

特別攻撃隊母潜水艦

▲伊16潜は丙型の1番艦、三菱神戸造船所で昭和15年3月30日に竣工。開戦以来長きに渡り甲標的母潜として活躍し、ハワイでは横山艇、ディエゴスワレスでは岩瀬艇、ガ島では30号艇、10号艇、22号艇を発進させている。その後ニューギニア輸送に多用され昭和19年5月、ブイン北東方面で駆逐艦の攻撃を受け沈没。

▲伊18潜は丙型の2番艦で、佐世保工廠で昭和16年1月31日に竣工した。伊16潜同様に甲標的母潜としてハワイへ参加し古野艇を発進させた。ディエゴスワレスへの攻撃では太田艇を搭載したがインド洋で荒天による通風筒からの浸水により機関が故障、攻撃を断念している。その後ガ島輸送を行ない、昭和18年2月米艦隊を発見するも逆に攻撃を受け沈没した。

▶昭和16年11月17日呉水交社における最終打合せ終了後の潜水艦長と1次隊艇長たち。前列右から山田 薫艦長(伊16潜、横山艇搭載)、山田 隆艦長(伊20潜、広尾艇搭載)、第3潜水隊司令佐々木半九大佐(特別攻撃隊指揮官)、揚田清猪艦長(伊22潜、岩佐艇搭載)、後列右から横山中尉、岩佐大尉、広尾少尉。伊18潜艦長 大谷清教中佐と古野中尉、伊24潜艦長 花房博志中佐と酒巻少尉は調整訓練のために出動中で打合せに出席できず。

18潜(古野艇)においても概ね同様だったと思われるが、伊20潜(広尾艇)、伊24潜(酒巻艇)では甲標的に故障が発生し対策に腐心していた。伊20潜の広尾艇については全く記録が残されていないが、発進予定時刻より4時間も遅れて乗艇していること。伊20潜が艦尾を真珠湾に向ける行動を3度繰り返し、その間猛烈な爆雷攻撃を受けた記録から、予備バンドが外れず、何度も発進動作を繰り返し、最後に受けた猛烈な爆雷攻撃によってバンドが外れて発進ができたのではないかと推察する。又、広尾少尉が残した「筒搭載中、生起した事故」の記録により「横舵故障」発生も推察できる。

伊24潜の酒巻艇はジャイロコンパスの故障が起きていた。ジャイロコンパスは今日でも使われているもので、自分の位置から方位を知る装置でコマの回転を原理として、回転中のコマに力を加えても元の位置に戻る習性を利用して常に同じ位置を示すことができる構造になっていた。つまりジャイロが故障するということは、母潜から発進した甲標的が、どの方位に進んでいるかわからないため、特眼鏡だけで位置を把握しなくてはならない。警戒厳重な港湾突入は不可能と言ってよい。

1800、伊16潜、伊18潜、伊22潜の3隻は湾口南方30浬で浮上。出撃までに日時が短く母潜水艦と甲標的との間の交通筒が無いため、搭乗員は母潜水艦のハッチから後甲板に降り、甲標的の横舵からその後部に這い上がり、セイル上部のハッチから乗艇した。搭乗員乗艇後、伊22潜は浮上航行を続け、指揮官附 松尾中尉は親潜水艦の潜望鏡について前方目標を確認、甲標的の特眼鏡を覗く岩佐大尉と電話で連絡、航行目標の確認に努めた。この作業を終わって艦長は搭乗員2名を艦橋に呼び、しばし歓談した。その模様を松尾中尉は次のように書いている。

「2100頃、大尉筒のハッチを開き艦橋に来るをもって『エヴア』『パール』湾口左右岸灯火及び『ホノルル』灯台その他につき説明。湾口ブイは眼高低く見得ざる旨云う。大尉は陸岸近距離に接近し得たるを感謝し満々たる自信を有せり。司令、艦長、航海長と小官と決別の握手を交わす。成功を祈るや無言。唯堅く握手を返し勇躍筒に帰る」

2320潜航、さらに湾口に向かい親潜水艦は進行した。甲標的に乗り組んだあとの問題は狭い閉鎖体の中で気圧、温度、酸欠、ガス、生活臭などが人体に及ぼす影響で、概ね8時間経過すれば意識混濁が始まるといわれた。岩佐大尉は乗艇後、最初の5時間は一旦ハッチを解放したこともあり、問題なく過ごした。

伊18潜の古野艇も同様な経過を経たものと推察されるのであるが、伊16潜の横山艇の場合は全く情況が異なっていた。伊16潜の艦長は慎重な性格で、搭乗員移乗が終わった直後、行き逢い船の灯火を発見し潜航。翌日0042の甲標的発進まで1度も浮上することはなかった。横山中尉と上田2曹は狭い艇内ですることもなく、7時間を無為に過ごし、艇内の悪環境に心身を貧らせるだけであった。

甲標的架台

▲写真は沖縄運天基地の架台であるが、母潜水艦に搭載するための甲標的架台も概ね同様の形状であったと推定される。写真右は菊地武夫技術大尉。

甲標的発進までの母潜水艦の行動

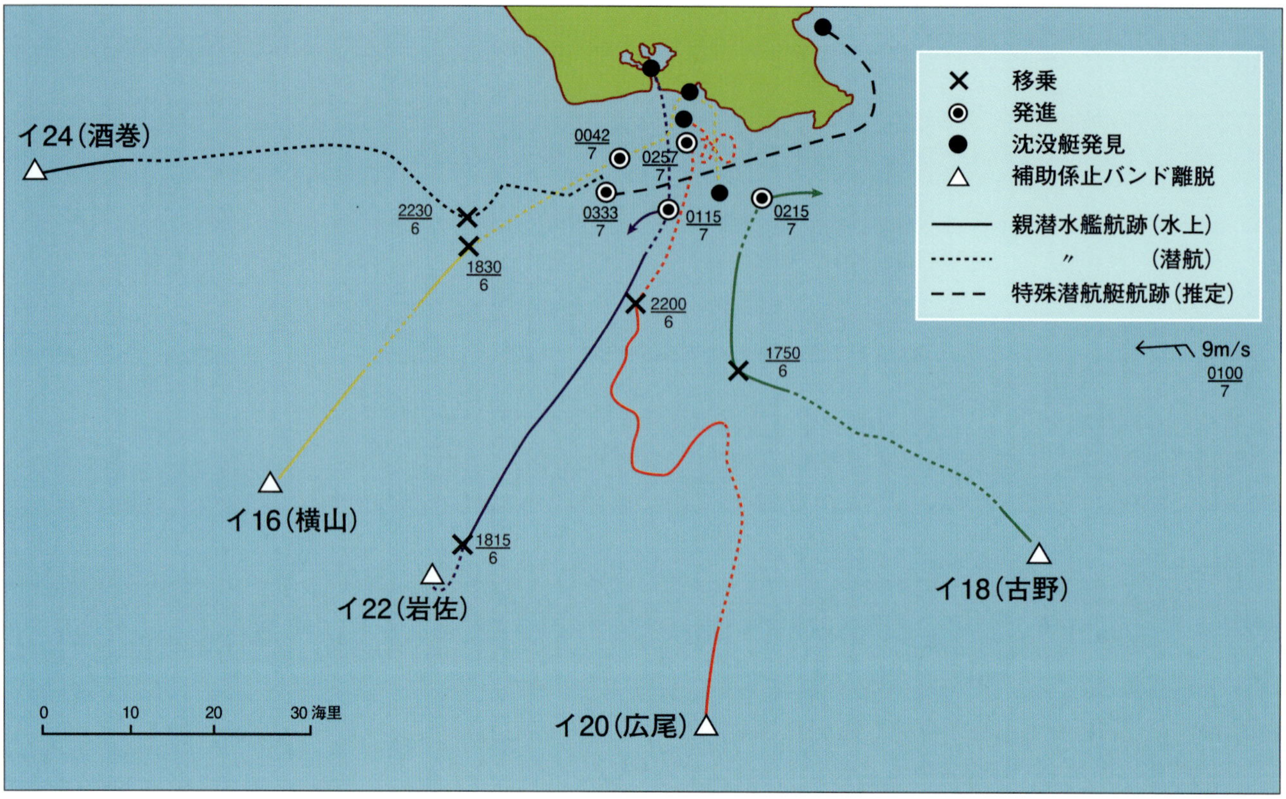

各艇戦闘状況説明の前に

真珠湾に突入した甲標的5艇のうち、岩佐艇と酒巻艇以外の行動については判然としない。また戦後になり現在までに5艇全てが発見されるに至ったが、横山艇、古野艇、広尾艇それぞれについては諸説があり、確定できていないというのが実状である。

ここでこれまでに調査、発表された甲標的の行動、艇体発見の日米資料を整理すると次のようになる。（参考『日本海軍潜水艦史』）

(1) 12月7日の日の出前、掃海艇「コンドル」は真珠湾入口の南西で潜望鏡の航跡らしきものを発見。駆逐艦「ウォード」と協力して付近を捜索したが何も探知しなかった。

(2) 0600、標的船「アンタレス」が潜水艇らしきものを見つけ、哨戒中のPBYはこの目標に2発の発煙弾を投下した。付近にいた「ウォード」は司令塔らしきものを見つけ4インチ砲で砲撃し、司令塔と船体の間に命中弾を認めた。その後潜水艇は傾きながら沈没し、水没地点に爆雷攻撃を加えた。（空襲1時間前）

(3) 「ウォード」の報告により駆逐艦「モナハン」が出港。フォード島北方で水上機母艦「カーチス」が潜水艇を発見、工作艦「メドゥーサ」と砲撃を開始。甲標的は「カーチス」に魚雷を発射したが命中せずドックに命中。さらに「モナハン」にも魚雷が発射されたが命中せずフォード島の海岸で爆発した。0843、「モナハン」は全速で甲標的に突進し、爆雷攻撃を加えた。これにより撃沈された甲標的は空襲1ケ月後に引き揚げられ、艇内に残っていた遺体の袖の階級章から“大尉”であることが確認された。遺体の腐敗が進んでいたこともあり本艇はそのままハッチを閉じられて潜水艦基地隊桟橋の基礎に埋められた。

(4) 巡洋艦「セントルイス」は空襲の最中、急ぎ湾外に退避しようとした際、魚雷2本の攻撃を受けたが命中せず、発射後司令塔を見せた甲標的に砲撃を加え、撃沈したと判断した。

(5) 酒巻少尉艇はジャイロコンパスの故障により針路を失い座礁、離脱を図ったが、真珠湾から約50浬離れたカイルワ海岸で再度座礁し、爆破を試み艇を脱出。その後、酒巻艇長は意識不明で捕虜となり、稲垣兵曹は戦死した。

(6) 1960年6月に米海軍スキューバダイビング訓練中に、真珠湾入り口付近で甲標的を発見した。引揚を行なった際、魚雷が装着されたままのため危険と判断して前部を切断投棄。その後日本に返還され、現在江田島の海上自

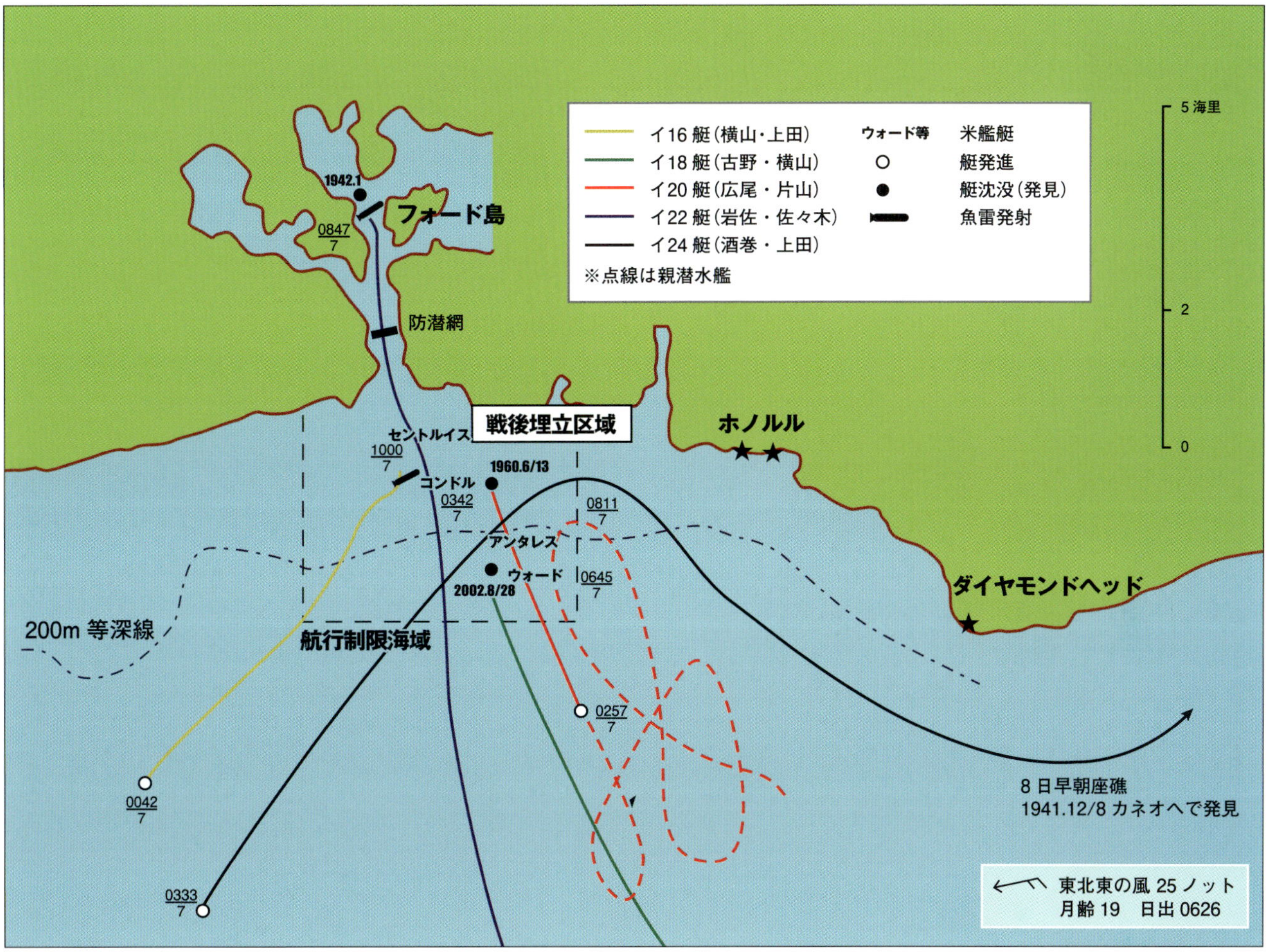

発進後の各艇の行動

衛隊第1術科学校に野外展示されている。

(7)伊16潜から発進した横山艇から、0041に「キラ」と受信した。その後、横山艇の消息は不明である。

以上の事実から生存者皆無の4艇のうち

(1)横山艇か岩佐艇と推定

(2)古野艇か広尾艇と推定

(3)海軍大尉は1人なので岩佐艇

(4)古野艇か広尾艇と推定

(6)古野艇か広尾艇と推定

酒巻艇以外の各艇は全て未帰還となっており、その証言者は皆無で、確実な航跡をなぞるべくもないが、一部推定を踏まえて各艇の行動状況を再現してみたい。

ハワイ沖で眠る横山艇

1

2

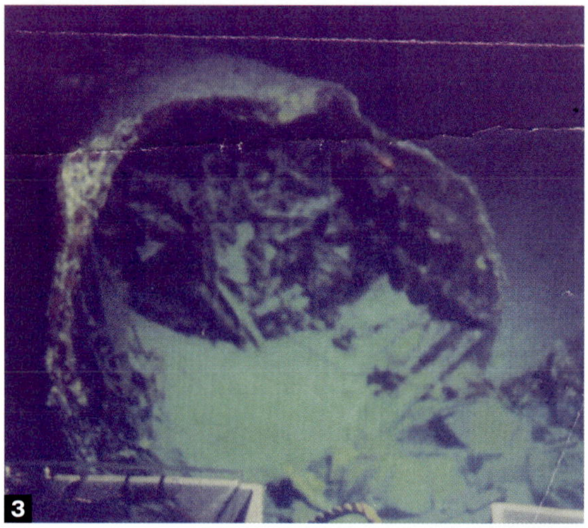

3

真珠湾口から南方約7マイル沖、水深400mで発見された横山艇と推定される甲標的。1990年にまず後部が発見され、その後ハワイ大学が20年に渡り根気よく捜索して前部、司令塔部と探し出されたもの。2009年3月に艇首の形状が確認され、真珠湾攻撃隊の5艇の特殊潜航艇のうちの1艇であることが確定し、未発見であった横山艇と推測された。写真❶はセイル部分で右方向が前部。写真❷のように自爆装置点火により沈んだと思われる跡が残っていた。写真❸は最初に発見された最後尾部分の断面。当初、この尾部はガ島などで発見されたものではないかと考えられた。（写真・資料提供：ハワイ大学）

▼見つかった甲標的は、前部、司令塔部、後部で、司令塔後部胴体部分は発見されていない。艇首部には真珠湾仕様の８の字カッター装着されており、同艇が真珠湾攻撃隊のものと断定する決め手となった。

古野艇の戦い

1750に乗員移乗、母潜の伊18潜は水上航走を続け、7日0000まで航行目標照合確認を実施して、0215に発進した。同艇の港内進入順序は4番目で、0500進入の予定であった。古野艇の発進の位置は、湾口ブイから12.6浬で、実速力4ノットが確保されれば、予定の行動ができたのであったが、ダイヤモンドヘッドによる風浪遮蔽の恩恵にあずかれず、実速力の低下は大であったと思われる。

予定の0500湾口ブイ通過予定が遅れて0600頃、標的曳航艦「アンタレス」を発見し、航跡を追った。前続船の航跡を進むことは一見容易なようにも思われるが、距離を開き過ぎぬよう、接近し過ぎぬように微妙な調整が必要で、潜望鏡観測を頻繁に行なわなければならない。それまでの訓練では前続艦続行という項目は全くなく、古野中尉は潜望鏡に張り付き、艇指揮に懸命であったと想像される。

その結果、駆逐艦「ウォード」の接近に気が付つかなかった。「ウォード」は当日0100出港、掃海艇及びPBY飛行艇と協同して哨戒中であったが、0605、「ウォード」の見張り員が「アンタレス」が曳航中の500トンバージの後方に異常な物体を発見した。この物体は最初ブイと判断されたが、しばらく移動していることが確認された。同じ頃、0633、哨戒から戻る途中のPBY偵察機もこの動く物体を発見。位置を示すために発煙弾を投下、「ウォード」に連絡した。「ウォード」艦長はこの物体を潜水艇と判断し、0645この潜水艇に発砲し、第2弾を司令塔に命中させた。

さらに爆雷攻撃を加えると大量の油が浮きあがった。この攻撃は航空部隊による真珠湾攻撃の約1時間前であり、日米戦の最初の戦死者は甲標的の搭乗員だったことになる。

0653、「ウォード」艦長は撃沈確実と認め、第14海軍区司令官宛て「潜水艦に爆雷投下」と報告したが、この文面では意味不明と気づき、0653「防御水域行動中の潜水艦を砲撃、爆雷攻撃した」と第2報を発信した。しかしこの電報は司令部で当直員の怠慢により翻訳に手間取り、第14海軍区司令官が「ただごとではない」として、駆逐艦「モナハン」に出動を命じたのは1時間後の0751であった。

米駆逐艦ウォード(DD139)

◀ダニエル計画のレキシントン級巡洋戦艦やオマハ級巡洋艦に随伴できるよう35ノットの高速を要求され、111隻も大量建造されたウイックス級駆逐艦の1艦で1918年に竣工した。真珠湾攻撃の時はすでに艦齢23年目のベテランである。1944年のレイテ島攻略作戦に参加中、寄しくも3年後の同じ12月7日に日本機の特攻攻撃を受け大破、駆逐艦「オブライエン」の砲撃で処分されている。ちなみに「オブライエン」の艦長は、真珠湾攻撃当時、日本軍に事実上の最初の攻撃を加えた「ウォード」の艦長だった、G・E・デービス少佐(当時大尉)である。写真左上は1918年、右上は1919年、左下(右の艦)は1941年11月の撮影。

岩佐艇の戦い

1830、岩佐大尉は伊22潜乗員に
「出港以来3週間にわたる乗員の熱誠なる協力に感謝します。天佑を確信し、神助により目的の完遂を期し、最後の任務達成に向けて出発します。伊22潜の武運長久を祈ります。さよなら」
と挨拶、乗艇した。乗艇後も伊22潜は浮上航行を続け、岩佐大尉が艇の潜望鏡で観測した航行目標の方位を母潜水艦艦橋の松尾中尉の観測方位と照合し、確認を行なった。2100、目標確認が終わり、伊22潜の艦長揚田清猪中佐は搭乗員を艦橋に呼んだ。彼らは渡した煙草をうまそうに吸い、司令、艦長、航海長、松尾中尉と決別の握手をかわし勇躍、艇に帰った。

2300潜航、湾口に向かい0110離脱用意。

松尾日記によれば、

艦　長　「ご成功を祈る」
司　令　「しっかり頼むぞ。自重して最後まで頑張れ。あまり早く思い切るな。なにか言い残すことはないか」
岩佐大尉　「ありません」
菅昌徹昭航海長　「成功を祈る」
岩佐大尉　「やってくるからな」（菅昌航海長と岩佐大尉は兵学校同期）
松尾中尉　「成功を祈ります。皆の分までやって下さい。明日は待っています」

岩佐大尉は「有難う」と返し、電話線切断の令にて電話を切る旨を伝えれば「切るんだな」と答えつつ艇内のスイッチを切った。

7日0115、発進。真珠湾口の171度9浬。深度30m。当時、東よりの風10m。艇の実速は3ノットに達しなかった。岩佐艇は日の出時刻のほぼ2時間前に湾口に到達し、出入艦艇の行動を観察したと思われる。その後、防潜網解放時に水道に進入、フォード島手前での変針が遅れ、戦艦列攻撃位置に進出できず、西側海面に沈座待機したものと考えられる。

0835、水上機母艦「カーチス」が潜望鏡を発見、5インチ砲の砲撃を加えた。0836、岩佐艇は「カーチス」に対し魚雷1本を発射する。しかしこの魚雷は目標を外れ、パールシティの海岸に乗り上げた。近くに停泊中の工作艦「メドゥーサ」「タンジール」も砲撃を始め、岩佐艇の艇体に砲弾が集中した。

当日応急出動艦だった駆逐艦「モナハン」は0752、第14管区司令官から「0645、潜水艦撃沈を報告した『ウォード』を支援せよ」との命令を受け、0827に出港した。水道を南下した「モナハン」艦長は、「カーチス」の「潜水艦発見」の信号を見た直後に潜航艇の司令塔を認め、5インチ砲を発砲した。命中弾は得られず、体当たりを決意する。岩佐艇は魚雷発射後、艇首が大角度で跳出した状態で「モナハン」に向けて旋回し、2本目の魚雷を発射した。発射管が水面に飛び出した状態では魚雷の正常な航走は望めず、魚雷は大きく偏射してフォード島に乗り上げた。「モナハン」は体当たり、岩佐艇は爆雷攻撃を実施、岩佐艇は自爆火薬に点火、4重の被害を受けて7日0843、フォード島西方海面に沈んだ。

米水上機母艦 カーチス(AV-4)

▶カーチス級水上機母艦のネームシップで他に同型艦が1隻ある。1940年11月竣工。真珠湾攻撃では岩佐艇がフォード島の北方海面、パールシティーとの間で本艦に魚雷1発を発射するが命中しなかった。「カーチス」は逆に「敵潜水艦発見」信号を駆逐艦「モナハン」に送り、5インチ砲弾と機銃弾を岩佐艇の司令塔に命中させた。

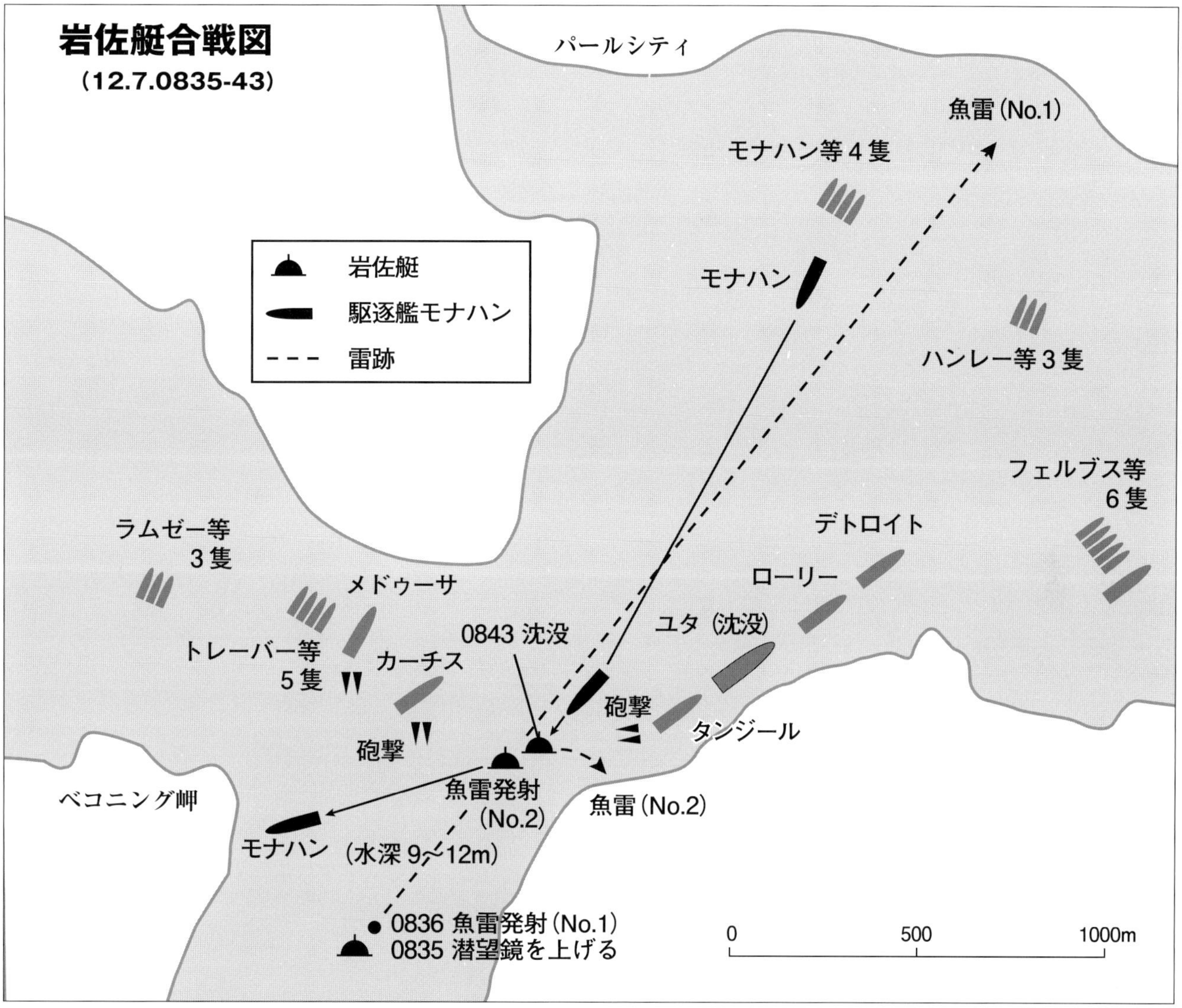

岩佐艇

◀駆逐艦「モナハン」に撃沈され、約1ヶ月後に引き揚げられた岩佐艇。その損傷は甚大で司令塔には砲弾の穴が開き、艇首は体当たりをされた衝撃なのか大きな損傷を受けている。艇体に波打つ痕跡があるのは爆雷攻撃による水圧によるものか。艇尾もほとんど切断している状態である。なお背景は修整されている。

米掃海艇 コンドル

▶元は1937年タコマ造船所で建造された木造漁船「ニュー・イグザンプル」。1940年10月に米海軍に徴用され、特設沿岸掃海艇 コンドル（AMc14）と命名された。1943年に建造され、後に海上自衛隊の「うじしま」となったYM21級沿岸掃海艇「コンドル」とは別の艇。

横山艇の戦い

先陣を切って母潜から発進したのは横山艇だった。7日0042、湾口から7浬で伊16潜から発進。この時まで、6時間に渡り母潜の上甲板に貼り付けられた艇内で何らなす所なく時間を過ごしていた。12月7日0342、横山艇の潜望鏡が米掃海艇「コンドル」に発見された。この時点で艇内の経過時間は10時間に近かった。当然思考力の低下がはじまり、多くの決断が必要な水道侵入のために充分な能力が残っていたのか疑問である。横山艇は、水道に進入するかわりに、いったん湾口西方に退避し、監視艇の隙を縫って浮上、ハッチを開いて換気を行なったあと、湾口西方の海域で沈座し水道を出てくる艦船を攻撃し撃沈させて水道閉塞するという二重の効果を期待したと推測される。

0755空襲開始。1000に軽巡「セントルイス」が魚雷発見の報告をしている。恐らく駆逐艦らしい小型艦艇の出港に目をくれず大型艦出港を待ち続けていた横山艇のものと考えられる。当時東寄りの風10m。艇首縦動を繰り返したと推測され、1本目の魚雷は水面に跳出、「セントルイス」は魚雷発見報告だけではなく爆発視認も報告しているので、2本目の魚雷も同様に魚雷は調定深度につかずに水面を航走し、リーフに激突して自爆したと推測する。続いて右舷5インチ砲その他で射撃したが命中弾は確認されなかった。

一方で湾外の海中で待機していた伊16潜は浮上し、収容位置に予定されていたラナイ島東方海面に移動をはじめた。

米軽巡洋艦 セントルイス

▶1939年5月に竣工した米軽巡洋艦セントルイス級のネームシップ。真珠湾攻撃ののち、クラ湾夜戦に参加し、日本海軍の駆逐艦の魚雷を受け同型艦「ヘレナ」を失う。続くコロンバンガラ夜戦で「神通」以下駆逐艦などの攻撃を受け損傷、さらにブーゲンビル島付近で日本の急降下爆撃機の直撃弾で損傷。レイテ沖海戦でも特攻機の攻撃を受け損傷したが、いずれも沈没には至らず終戦を迎え、のちにブラジルに売却された。

電信員6名に整備艇付の出羽吉次兵曹を加えた7名は、総員配置で関係電波を待ち受けた。8905サイクルを受け持った出羽兵曹は1811、「キラ」を受信した。一瞬何だろうと首をかしげたが、同兵曹は「トラ」の間違いではないかと気づき「トラトラトラ奇襲に成功の電受信す。混信多く受信困難をきわめたり。ただちに第6艦隊長官に報告する」。しかし、この通信が横山艇から発せられたものであるのなら、攻撃から8時間経過していることになる。この頃、駆逐艦を改造した水上機母艦「ハルバート」は「戦艦列」東側で潜望鏡を発見、体当たりを試みたと報告している。

その後の横山艇の行方は全く不明だった。しかしハワイ大学の長期に渡る執拗な追跡により68年を経て姿を表した。ただし現在の姿は1度沈んだのち、引き揚げられ人為的に三分され現在の位置に投棄されたものである。最初の発見、引き揚げ日時、場所とも全く不明であるが次の通り推測される。

1992年甲標的の艇尾部が発見された。ハワイ大学はこれを当時未発見であった2艇(横山艇と古野艇が未発見である可能性が高いとされた)の一部と考え調査追跡を開始した。

その後2002年、魚雷未発射の甲標的1艇が発見された。この艇体は司令塔の弾痕のみで完全な姿を残しており、米駆逐艦「ウォード」に撃沈された古野艇がもっとも可能性があるとされた。そうなると先に発見された艇尾部は横山艇のものという可能性が大となり、周辺海域の調査が進められた。この付近の海底は「ごみ捨て場」と言われるほど艦船、航空機、兵器などの残骸が多く、音波による捜索は至難を極めた。

2008年には中部、前部と相次いで発見され、切断部の状況はボルトを抜いた痕が認められ、所在位置も500～600mの範囲にあった。これらのことから先に発見された後部とも合わせて同一艇のものと推察された。また中部の後方下の部分に約10フィートの欠落が認められ、亀裂の状況から、後部電池室搭載の自爆薬の破裂によるものと認められた。

2009年ハワイ大学は日米のマスコミを招聘し、共同で発見艇が最後の1隻であるか否かの調査を実施することになった。この調査では元特潜会の植田一雄氏がハワイ大学の深海艇に同乗し、発見艇の8の字型魚雷発射管ガードを備えていることを確認し、第1次特別攻撃隊の1艇であると認めた。発射管に魚雷は認められず、艇体の破損は、自爆と見られる亀裂のみであり、爆雷、砲撃あるいは海底リーフとの接触による破損部も認められなかった。さらに他の4隻の搭乗員氏名が推定されているので、残り1艇は横山艇と推定される。

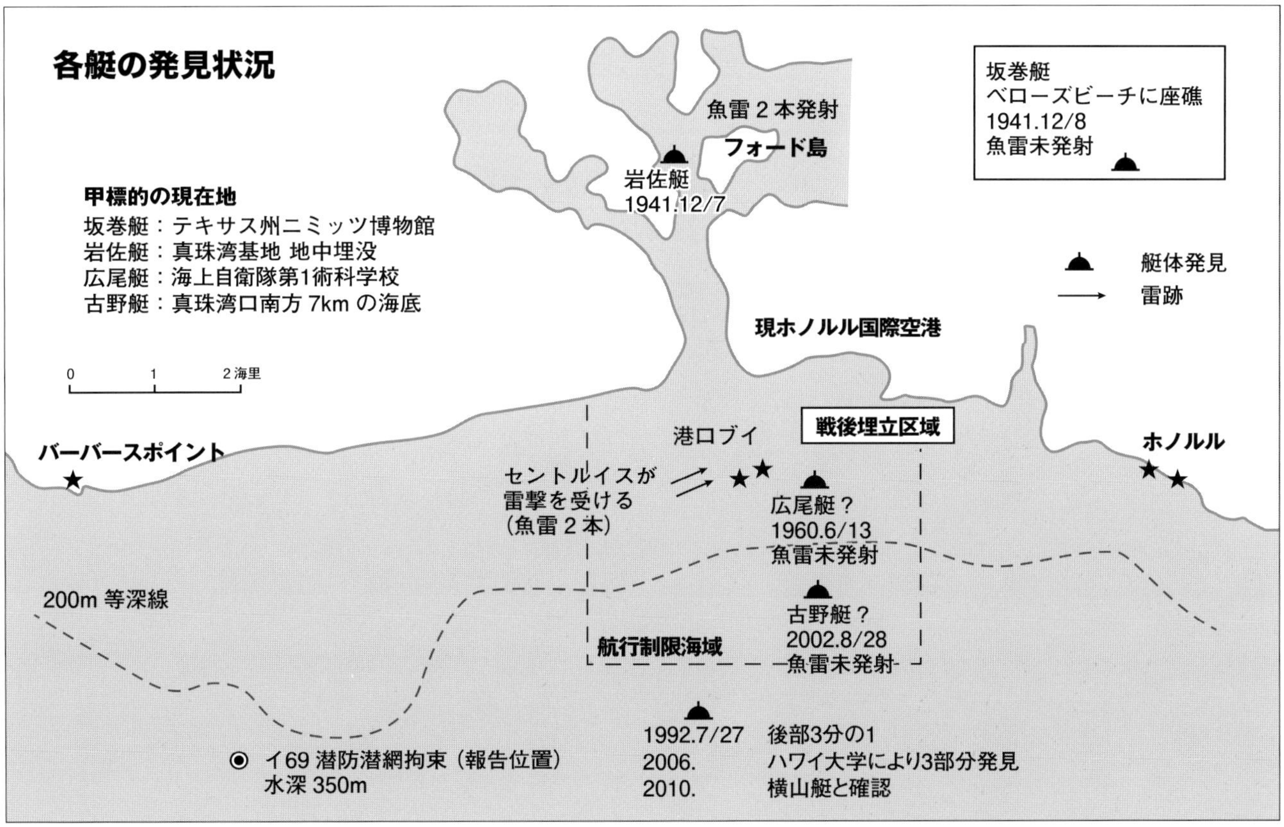

広尾艇 浮上

昭和35年に真珠湾港外で引き揚げられた甲標的。広尾艇の可能性が大きい。まだ魚雷が残っていたため、危険と判断して艇首部分はすぐに切断投棄された。

広尾艇の戦い

広尾艇は発進前から問題を抱えていた。

広尾少尉が発進前に書いた所見には

「設計者は平穏なる海上の場合に設計製造されたるを以って若干の波浪ある海面にて思わざる所に不備を暴露し」

と航海中の整備の労苦を指摘し「深度機感度試験不可能」と無念をこめた記述が見られる。

また12月6日、艇体補助固定バンド離脱作業を行なった際、海上は風波高く、波浪は上甲板を洗い、作業は難航を極めた。広尾艇艇付きの片山兵曹を含む3名が海中に転落、1名が行方不明になった。この時、広尾艇の予備バンドが完全に外れたという証拠がない。そもそもバンドは戦車の履帯（キャタピラ）を使用したもので、甲標的の前後2箇所を固定していたが、万が一の処置として急遽、予備バンドを追加した。当初からの前後のバンドは母潜水艦側の操作で外すことができたが、作戦前に急ぎ追加された予備バンドは艦内から外すことが不可能で、一旦浮上した後、上甲板に出て手作業で外す必要があった。

乗員の艇への移乗は他の艇に比し、約4時間遅れた。酒巻艇の移乗が遅れた原因がジャイロコンパス故障のためであったことと同様、広尾艇にも機器故障、人員事故などがあったことは確実と考えられる。深度機感度試験不可能という広尾少尉の所見から、「横舵装置故障、潜航不能」が一つの可能性として考えられる。潜航不可能はジャイロコンパス故障同様、進入に致命的な故障である。

さらに、行方不明者まで出したが補助繋止バンドが外れなかったのではないかという根拠として、発進の際の衝撃によるバンド切断を期待したがやはり外れず、そのため伊20潜は艦尾を真珠湾口に向ける動作を3度繰り返したことが物語っているのではあるまいか。その間、猛烈な爆雷攻撃を受けた。結果的に、その爆雷の衝撃でバンドが切断、広尾艇は離脱発進したのではないか。広尾艇は水上航走で進入との決意で発進したものの、湾口に近づき黎明を迎え、哨戒艦艇、航空機を見て進入不可能と知り、脱出上陸、切り込みを決意し調整タンクベント弁を開き自沈。搭乗員は海中に飛び込み泳いで上陸を図ったと考えられる。

1960年6月13日、訓練中の米海軍スキューバ・チームが広尾艇を発見。この位置には現在ホノルル国際空港の滑走路が建設されているが、発見当時は水深23mであった。同年7月13日、サルベージ艦「カレント」がこの艇を引き揚げた。艇内は電動機が根元から倒れ、パイプは曲がり、計器類は粉ごなになり、爆雷攻撃を受けた痕跡が認められた。しかし、引き揚げられた際、搭乗員の遺骨、特に海水中でも長期間にわたり溶解しないとされる歯、バンドのバックル、拳銃、軍刀などが艇内から発見されなかったことで乗員は脱出したと認められ、ハッチが内側から開いていたことは浮上状態から脱出した証拠である。魚雷は発射されていなかったため、危険と判断され発射管に装填されたまま、切り落とされ海中投棄された。
　その後、日本政府の要請により返還されることとなり、LST「しれとこ」に搭載され、昭和36年(1961年)7月10日、日本に帰還した。IHI呉造船所で艇首部分を修復した後、翌37年3月15日に除幕式が行なわれ、いらい広島県江田島の海上自衛隊第1術科学校に展示されている。

▶昭和35年にホノルル湾から引き揚げられた、広尾艇と推測される甲標的。この後、魚雷爆発の危険を避けるため艇首を切断投棄され、日本に返還される。

▶引き揚げられた甲標的を後方より見る。甲標的はもともと魚雷から開発されたということもあり2重反転のスクリューが付いている。2つのスクリューがそれぞれ右回転、左回転することにより推進軸の影響を受けることなく、より真っ直ぐ推進できる。円弧状のものはスクリューの破損防止のリング。

◀引き揚げられた広尾艇の司令塔。写真左が艇首側のため、潜望鏡は後を向いた状態である。ハッチが開いているが、内側から締められた形跡はなく、また艇内に遺体と思われるものは見つからなかった。

◀司令塔下部、操縦席付近と思われる艦底部分にできた破口を確認している。自爆などでできたものではなく、発見時ですでに19年の時間が過ぎ、海底にあったための損傷と想像される。

広尾艇の帰還

▶広尾艇と推定された甲標的は、海上自衛隊揚陸艦「しれとこ」に搭載され、昭和36年7月10日に帰国した。写真は真珠湾で「しれとこ」への搭載を待つ甲標的で、切断された前部には円形の保護材が当てられているのがわかる。

▶「しれとこ」搭載後、艦上で施行された慰霊祭。右から2人目が艦長大森正人3佐。

▲昭和37年、復元工事を終えた広尾艇は海上自衛隊第1術科学校に安置されることとなった。写真は復元式で祈りを捧げる広尾艇、艇付の片山義雄2曹のご母堂。

◀広尾艇の切断された頭部の復元は甲標的甲型の図面が現存していなかったため困難をともない、建造に関係の深かった緒明亮乍氏、丸石山三郎氏(当時防衛庁技術研究本部在籍)の助言を受け、技術者の記憶と「蛟龍」の図面を参考にしたという。写真は設置間もない頃に撮影されたもの。以後、長年に渡り屋外に展示されているため腐食も懸念され、せめて屋根だけでも設置ができないかと願う。

酒巻艇の苦難

酒巻艇の戦い

酒巻艇を搭載した伊24潜艦内では、発進の可否について話し合いが続いていた。ジャイロコンパスが故障で全く動作しないのである。コンパスがなければ水面下を走る特潜は潜望鏡を頼るの以外全くの盲目となる。潜航して湾内に入ることも困難となる。

艦長は「発進取りやめ」を命令することができたが、「どうするか」という質問を酒巻艇長に聞いている。生前の酒巻氏に、植田一雄氏は「失礼を承知しながら」何故駄目ですと答えられなかったかを聞いている。その際に「仕方がなかったんだよ」と暗然として答えられた顔を忘れられないと語る。

7日0333、真珠湾口の202度、距離10.5浬より酒巻艇は発進した。母潜を離れてモーターをかけると、ツリムが大きく狂っていて艇体は水上に踊り上がってしまった。開戦前、しかも敵の直前で発見されれば大変なことになる。命がけのツリム修正をして、なんとか動けるようになった時点で8日の日の出を過ぎてしまっていた。

湾口には2隻の駆逐艦が左右に警備のための監視航行をしていたのが見受けられた。この警戒ラインを突破しなくてはならないが、コンパスなしで舵中央のまま進んで行こうとしても艇は真っすぐには進まず、必ずカーブしてしまう。潜望鏡を上げて確認すると、全く逆の沖の方に向かっていること再三で、盲目の迷走と言ってよい。

露頂状態で警備艇のラインに近づくとすぐ爆雷攻撃を受けた。第2回目の爆雷は直撃に近い状態で、艇は大きくもんどりを打ち、頭や腰を打ち倒れた。このままでは撃沈されてしまうので、深く潜航、退避し被爆状態を調べ、できうる限りの修理を行なった。その時点で航空部隊による空襲が始まっており、潜望鏡で湾内を見ると大黒煙がすさまじい勢いで真っすぐに上り、ホノルル方向に流れていくのが見えた。眼の前の駆逐艦では白い服の水兵が甲板を右往左往するのが見えたそうである。駆逐艦を倒すのは簡単だが湾内の空母か戦艦を目指して再度、駆逐艦ラインの突破を試みた。

8日の午後になり、やっとの思いで駆逐艦ラインを越え、湾内を目指したのだが、今度は湾口のリーフに座礁した。コンパスなしの盲目航走と湾口の形状が複雑なため当然あり得ることである。後進をかけ離礁しようとするのだが、何度後進をかけても動く気配がなく、前のバラストを後ろに移動し、敵前で姿を見せたまま命がけの離礁作業が続く。今度は陸岸からも砲撃を受け、艇内は時間の経過と共に悪ガスが充満して気圧も上昇、人間の生存限界状態が続いた。

その後、なんとか離礁することができたが、被害状況を調べると魚雷の発射装置が故障し襲撃できないことがわかった。魚雷攻撃ができなくても体当たりが可能と、再度突入するもリーフに座礁。度重なる座礁により艇首のネットカッターがひどく歪んでしまい、魚雷が2本とも発射できなくなってしまった。すでに時刻は夜になっており、ハッチを開けて換気をした。倒れこむほど空気がうまかったという。

ここにいたり、さすがに突入を断念、集合地点はラハイナ島の南西端である。

翌9日になって島影が見えた。ラハイナ島とモロカイ島の間に来たと判断した。岸が近いと判断し、放電し尽くした甲標的の自爆装置に点火、艇外に脱出した。先に飛び込んだ艇付の稲垣2曹は元気に泳いでいたが次第に見えなくなり、行方不明。酒巻艇長も最初は泳いでいたが、そのまま力つき、波うち際へ打ち上げられ意識を回復した時は米兵に両腕を支えられていた。

▶酒巻艇が座礁・収容された海岸はオアフ島東岸ワイマナロビーチ(ベローズ陸軍飛行場の兵舎にほど近い場所なのでベローズビーチとも呼ばれる)沖合いであった。この海岸は軍の敷地内にある極めて美しい海岸で、当時酒巻艇を発見した米兵はさぞ驚いたことであろう。

▶続けて海岸へやや近づいて撮影されたもの。出撃当日の夜までに2度に渡る突入に失敗した酒巻艇は、湾内潜入を断念。甲標的はすでに放電しつくして座礁したため、艇の爆破薬の導火線に点火して酒巻艇長と艇付の稲垣2曹は脱出した。しかし写真を見てもわかるように艇体はほぼ無傷で、自爆装置は艇内の悪ガスの影響で鎮火し正常に働かなかったようだ。

▲座礁した酒巻艇を左舷より見る。海岸は写真が示すとおり波が荒い。これはワイマナロビーチへ貿易風による北東からの大きなうねりが押し寄せるためで、さながらマリンスポーツの適地のような波がやってくる。艇から脱出を試みた酒巻、稲村の２人は懸命に泳いでも容易に浜辺に到達できなかったと思われる。

▶左舷前方から見た酒巻艇で、特眼鏡がむなしく上方へ伸びている。爆破装置が働かずほとんど無傷の形で鹵獲された酒巻艇内部からは、各種文書、海図、救命胴衣(何故脱出時に使用しなかったのか不明)、日本刀、サイダー、菓子、乾パンなどが押収されたという。

▶ワイヤーにより海岸へ引き揚げられた酒巻艇。艇首が度重なる座礁で破損した様子がわかる。防潜網カッターがむしろ逆に発射管を妨げ、これではせっかく目標を捕えても魚雷の発射は困難である。

▲岩佐艇を掘り出すか、埋める際に撮られたと思われる写真。岩佐艇は発見、引き揚げられた後、艇内の搭乗員を残したまま潜水艦基地隊の防波堤の礎に埋めた。遠方を運ばれていくのはほぼ無傷のまま鹵獲された酒巻艇。

特別攻撃隊指揮官
佐々木半九 大佐

▶明治29年広島県生まれ、広島三次中出身、大正6年海軍兵学校第45期卒業。のちに海軍少将。大正11年潜水学校普通科学生を卒業、それ以後潜水艦長、潜水学校教官、潜水隊司令などを歴任、一貫して潜水艦畑を歩く。太平洋戦争時は真珠湾、シドニー特殊潜航艇特別攻撃隊指揮官、第3潜水隊司令、潜水学校教頭を務め、第6艦隊参謀長で終戦。昭和45年没。なお名前は「ささき・はんく」と読む。

第1次特別攻撃隊の戦果判定

大本営海軍部は甲標的の特別攻撃に対し

「特殊潜航艇をもって編成せる我が特別攻撃隊は、警戒厳重を極める真珠湾内に決死突入、味方部隊の猛攻と同時に敵主力を強襲、あるいは単独夜襲を決行し、少なくともアリゾナ型戦艦一隻を撃沈せしめたる他、多大なる戦果を挙げ、全員戦場において壮烈な戦死を遂げた」

という華々しい発表が行なわれた。

朝日新聞は

「この赤心の操志は、まさに皇軍精神の純乎たる発露であり、健軍の本義に透徹すると言うべく、軍神の礼を持って、九勇士の忠魂を迎えることは当然」

と絶賛した。

ゴードン・フランゲ著『トラトラトラ』の中で「真珠湾空襲の戦果判定は驚くほど正確であった」という機動部隊の判定に対し、「何の裏付けもなく多大な戦果」が誕生した経緯は何であったのであろうか。

特別攻撃隊指揮官の佐々木半九大佐は、10月20日佐伯で「伊22潜を率いて呉に回航、訓令工事に従事せよ」という命令を受けた。佐々木大佐は内容を知らされないまま、見たこともない特殊潜航艇作戦の指揮官となり、多くの不安を抱え11月18日に5隻の特殊潜航艇搭載の潜水艦を率い出撃した。12月6日夕刻、5隻の親潜水艦は、真珠湾南方に到着した。特殊潜航艇を発進後、伊22潜は最微速で潜航南下、日没後浮上し収容地点に向かったが、大本営からの情報以外、攻撃に関する何の情報も入手できなかった。

7日深夜に至り、機動部隊指揮官南雲忠一中将から「情況知らせ」の電報を受信した。特別攻撃隊は機動部隊指揮官の指揮下にあり、機動部隊では帰投した各親潜水艦の報告により、確実と判断された戦果を速報し、翌日は各空母の飛行隊長を集めて戦果検討を予定していた。機動部隊の立場からすれば、佐々木大佐が情報を入手していると考えたのも当然だったのだが、佐々木大佐の立場は全く異なり、ひたすら帰投を待つのみであった。佐々木大佐は、各親潜水艦へ「収容の有無を知らせ」という問い合わせ電報を発信した。

松尾中尉の日記には

「8日0100、各艦とも未だ収容しあらざるを知り司令以下暗然として声なし。7日夜の警戒状況より察し、その他諸般の状況を総合し、奇襲成功し所期の成果を得たる事は疑いなきも、ついに全員戦死とは信じられぬ。1名でも良いから帰ってくれ」

と書いた。

佐々木大佐は8日0200機動部隊指揮官宛て「各潜水艦とも搭乗員を収容していない」ことを報告。併せて「7日夜、敵警戒状況より見て『筒』は確実に港内に潜入、敵を攻撃し得たるものと想像せらるも、その後の状況並びに戦果不明と想像という言葉を用い戦果不明と報告した。

ハワイ作戦における潜水部隊の配備図

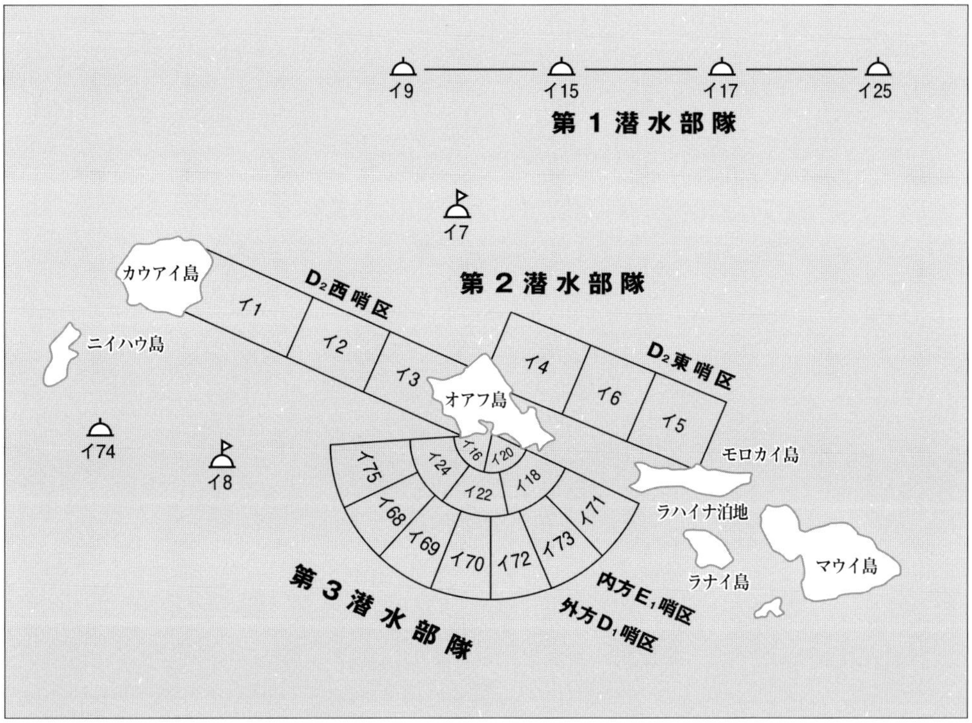

▼昭和16年12月8日、南雲機動部隊の攻撃を受ける真珠湾。中央のフォード島の右側に戦艦群が並んでいる。

収容断念する

大本営海軍部第1部長である福留 繁少将は、空襲開始直後から「敵は南水道の機雷掃海を発令せり、貴隊の攻撃を誤認実施するものやも知れず」と入手情報を希望的観測でもって解釈した情報を送っていた。

9日1800、浮上した伊22潜は大海機密482番電「米国は8日午後、真珠湾において爆撃により主力艦さらに1隻撃沈せられたりと発表せり。貴隊の攻撃による算あり、『筒』の帰投遅るるやも知れず」を受信した。

つまり「8日午後」が「撃沈時刻」か「発表時刻」なのかも深く考えず「空襲部隊がハワイ上空から引き揚げたあと」だから甲標的によるものと判断したものである。

さらにこの電文を傍受した第12潜水隊司令 中岡信喜大佐は「7日2101、真珠湾内の大爆発を発見。筒の襲撃により敵主力艦轟沈と確信祝福せり」と報告したので、佐々木大佐は期友(佐々木大佐と中岡大佐は海兵45期で同期)の応援に気を強くして「大海機密482番電、12潜隊機密314番電により、8日出撃直後襲撃を決行せる筒あり、敵戦艦撃沈の大戦果を収めたることを知り、伊16潜水艦搭載の『筒』が7日2241から2354まで母潜水艦と無線連絡ありしことを併せ考え」収容打ち切りを延期したが、得ることなく11日0750の次の電を発し、収容断念を報告した。

この文面からは伊16潜と横山艇が頻繁に連絡が取れていたような印象を受けるが、伊16潜の通信兵の手記にはそのような事実に触れられていない。

「各種情報を総合するに各筒は奇襲に成功し、所期の戦果を挙げたる後、乗員は何れも壮烈なる戦死を遂げたるものと認む」と3日前の「想像」「戦果不明」から飛躍した報告をしたが根拠とした証拠は他人任せの信頼性の低いものだった。

有泉龍之介 中佐

▶茨城県出身、大正12年海軍兵学校第51期卒業。のちに海軍大学校から軍令部潜水艦主務参謀を務め、真珠湾攻撃の特殊潜航艇の編成に関与し、戦果確認に影響を与えた。その後、第8、第11潜水戦隊先任参謀を経て、伊8潜の艦長となりインド洋の交通破壊戦で5隻撃沈の戦果をあげる活躍をした。昭和20年1月には伊400、伊401、伊13、伊14で編成された第1潜水隊司令に着任し、ウルシー攻撃作戦に出撃。しかし途中終戦となり、米軍の指示により横須賀に帰投中、司令自室で自決を図った。

特別攻撃隊「AI」攻撃詳報(AI＝オアフ　特定地点略語)

戦果判定は直属指揮官の判定基準が順次上級指揮官に経由され、各レベルで所要のチェックが行なわれ、公正な戦果を期するものであるが「筒」作戦を指揮した佐々木大佐の詳報を待たず、大本営海軍部は早々と「筒」の功績を発表した。

機動部隊は攻撃当初、速報にて絶対確実と認められる戦果報告をしたのち、隊内で資料を持ち寄り、綿密な検討を実施して戦闘詳報を作成したが、電波封止のため発信を遅らせ、17日南鳥島北西海域において発信した。この中に「特攻隊の壮烈無比な奇襲により甚大なる戦果を挙げしこと確実なり」と記した。空襲部隊指揮官淵田美津雄中佐が真珠湾上空で「この海底のどこかに『筒』がひそみ、辛抱強くも航空部隊の攻撃成功を念じながらその先陣を譲っている。彼らには攻撃後、脱出の望みはない。私は眼頭が熱くなるのを覚えた」と感動し、「千代田」艦長原田 覚大佐は「航空部隊が『筒』の活躍を称賛せるを知り感動。武士はかくありたし」と日記に記した。

大本営海軍部は、この戦闘詳報を受け、米太平洋艦隊全滅を大々的に報道し、甲標的についても

「特攻隊は味方航空部隊の猛攻時に敵主力を強襲あるいは単独夜襲を決行し、少なくてもアリゾナ型戦艦1隻を轟沈したる外大なる戦果を挙げ、敵艦隊を震駭」

と発表した。またアリゾナ型轟沈に関しては、「有泉から頼まれた」と淵田中佐は戦後、回想録に書いている。佐々木大佐は「想像」して報告した戦果について大本営という最高の判定者が自らの判定を上回る発表をしたことにより、21日クェゼリン入港後提出した戦闘詳報では、「少なくても戦艦一隻以上撃沈せること確実」と報告した。

甲標的の母潜5隻は、すべてクェゼリンに入港したが詳報提出前に研究会などが実施された様子はなく、例えば甲標的発進前後の各潜水艦行動状況は伊22潜の完璧な発進と比べ伊20潜、伊24潜に異常が発生したことが推察できるのであるが、各甲標的とも「異常なく予定どおり」発進したと報告された。

先遣部隊指揮官は本来ならば特別攻撃隊指揮官の上級者として、特別攻撃指揮官の報告をチェックすべき所で、すでに大本営から戦果発表後のため、辻褄あわせの戦闘詳報を12月24日提出した。戦果については

「主力艦1隻を倒した他之を確実に知る由なきも、筒侵入当

▲伊68潜は海大6型aの1番艦として昭和9年7月31日、呉工廠で竣工した。昭和17年6月ミッドウェー海戦で撃ち損じた米正規空母「ヨークタウン」を撃沈したことで有名。同型艦の2番艦、伊69潜が真珠湾口監視中に大火柱を発見、特殊潜航艇の戦果に寄るものだと報告したが、その際には本艦も湾口付近を行動中であった。

夜の視界極めて良好、敵の警戒見るべきものなく各艦に充分に港口に近接して筒を発進せしめたるを得たることにより全筒無事、港内に達し得たると認められる。また、筒の攻撃は0800より時を同じくして有効なる攻撃を実施したものと認む」
と、「知る由なき」に拘らず自己本位な文言を並べた報告を行なった。

連合艦隊

8日、宇垣纏参謀長は戦藻録で
「第1回空襲に引き続き第2回空襲が1時間後に行われ、その間に昨夜親潜より卸された五隻の豆潜が湾内に進入し敵艦を攻撃した筈である。之を敵が機雷敷設と間違えて湾内の掃海を命じたものと思われる。この豆潜が帰ればよし、帰らざる時之が苦心の功績を誰が証明し得るものぞ。恐らくは敵側の状況により後日判定する他無きを惜しむ」
11日の戦藻録には
「真珠湾においては9日午後、戦艦1隻更に沈没せられたること確実にして筒によるものと判断せらる。豆潜五隻の決死行、八日におけるトラ電と併せ必ず成功を収めたり。然るに今に至るも之れ等の収容を果たさず痛心の至りなり。出撃に先立つ記念の寄せ書き、近き将来天覧に供するの要ありと認む」
と書いた。

大本営海軍部

大本営1部長電では「機雷掃海は筒の攻撃を誤認」に始まり「さらに一隻撃沈された主力艦は貴隊の攻撃による算大」など、戦果に結びつけた情報を伝え、特に後者の「さらに1隻撃沈された主力艦」を筒による算大としたことは「8日午後は筒の発進後、二昼夜夜近く経過後であって甲標的内の炭酸ガス、酸欠、気圧、温度上昇による搭乗員の能力低下を考慮すれば「算大」とは言えず、且つ「爆撃により」と明記してあることからも「筒」の戦果とすることはできない。
「航空部隊は何かと騒がしいが潜水艦は黙ってやる。もっと潜水艦の活動を宣伝しなくてはいけない」(高松宮日記)
という大戦果に意気があがり、戦艦無用論を唱える航空関係者に対する反発から「筒」の戦果への期待が過大になったのだろうか。

出羽兵曹は攻撃当日の日記に「浮上。受信感度あれど短符のみ多く方位測定できず、キラ受信」と記し、伊16潜の電信員だった木村留次郎氏は「トラを六艦隊に転送した」と語っているので受信の事実は誤りないと認められるのだが、1時間にわたり連絡が保たれたとか、最後に「航行不能」の特定略語を受信したことは記憶がないと言う。

また「潜水艦伊16号通信兵」(石川幸太郎著)の日誌には電信室で見聞きしたすべてのことが細大洩らさず記録されているが「トラ」については触れていない。また「筒」に配布された特定略語表は酒巻艇から回収されたものが残っているが、この中に「航行不能」という略語はない。この略語は、機動部隊が航空機用として作成したものを一時指揮下に入った特別攻撃隊が使用したもので「航行不能」という用語はなくて当然である。

伊69潜乗艦の第12潜水隊司令中岡信喜大佐は、7日2101、大火柱を望見したがこのことをただちに報告せず、大本営からの「さらに一隻撃沈」電を傍受した後で「実は」という形で報告した。「8日午後」を日本時間と誤り、望見した事実と一致すると判断したと想像されるが、ハワイ時間と明示されている。当時の日本海軍は全部隊が日本時間を使用していたので、少し注意すれば見当がついたと思われる。

また「大火柱望見」の時刻には特別攻撃隊の5隻が浮上し、収容海域に向け航行中の他、伊70潜、伊68潜両潜水艦は湾口に接近中であって、これらの潜水艦にも「大火柱望見」の機会があって当然であり、各艦に照会すべきだったと考える。

さらに、視界と天候が良好ということは「湾内進入」の根拠とはならない。「敵の警戒見るべきものがなく」は前夜、港外から煌々と輝く陸上灯火を見ての感じであり、警戒状況は確認されていない。

特別攻撃隊攻撃詳報行動図には、伊20潜が20回を超える爆雷攻撃を受けたことが記されており、当時大本営参謀だった高松宮日記には「伊20爆雷攻撃熾烈」と書かれており、「警戒が見るべきものなく」という証拠と反対のデータがあったのに検証を行なわず強引に戦果を結びつけた。

発進が円滑に実施されたことは以後の行動につながる重要なことであるが、伊22潜から発進したような完璧な作業が実施されなかった母潜があったことは戦闘詳報の行動図から推察できることであるにも拘わらず、各艦合同の研究会で検討されることなかった。

戦果誤認の原因

その昔、日露戦争開戦に先立ち、山本権兵衛海軍大臣は各司令長官に「我が軍隊の行動は常に人道を逸するがごときことなく、終始文明の代表者として恥ずること無きを期せよ」と訓示した。「外国の非難を受け、文明国の地位から脱落しない」と心がけた伝統は太平洋戦争開戦時にも日本海軍の要所には厳存し、戦果についても虚構の発表をして敵から侮り受けず、国民の信頼を失うことのないようにと伊藤整一軍令部次長から参謀本部に申し入れしたほどであった。しかし戦局が厳しくなるにつれ、その決意は崩れ建前としては理解できても本音として体得されておらず見てきたような美文調の発表が行なわれた。

甲標的作戦への迷い

真珠湾攻撃は「鵯越えと桶狭間と川中島」を一緒にした乾坤一擲の作戦であった。空襲と並行実施を企画した潜水艦作戦は7月の第6艦隊司令長官交代の際、山本長官自ら真珠湾攻撃構想を伝え、作戦計画立案を期待したが第6艦隊の反応は鈍く、9月の海軍大学校での特別演習、10月「長門」での図上演習の何れにおいても連合艦隊司令部作成の案により実施するような状況であった。肝心の第6艦隊不在のまま甲標的作戦は実施に移された。後の特別攻撃隊指揮官佐々木大佐でさえ甲標的のことを何ひとつ知らないまま指揮を執ったような状態であった。

11月6日朝、佐伯で山本長官が清水長官を訪問したが不在のため置手紙を残したことが、その手紙とともに『トラトラトラ』に掲載されている。連合艦隊司令長官が部下の第6艦隊司令長官を訪問すること自体が異例なうえ、不在であったということは通常なら有り得ないことで、よほど山本長官が思い詰めて突然訪ねたのであろうか。

11月3日、岩国で第6艦隊司令長官に「収容の見込みがなければ作戦を取止めよ」と念をおしたり、翌14日、呉における特別攻撃隊作戦会議には水雷幕僚 有馬 馨少佐を派遣。「筒の湾内進入は必ずしも強行するに及ばず、搭乗員の収容には万全を期せ」と伝えさせたということも山本長官の躊躇、逡巡の証拠と思う。

真珠湾の戦果

結果的に今日の研究をもってしても確固たる確証をもって真珠湾における甲標的の戦果があったとは言い難い。それを「未完成兵器甲標的」で「準備不足」な作戦を実施し、「戦果皆無」と批判することができるかもしれない。

しかしながら、岩佐艇は警戒厳重かつ非常に狭い港内の進入に成功、魚雷攻撃を敢行している。横山艇は魚雷攻撃を実施後、湾内において自沈した可能性が大きい。2隻の甲標的が米海軍の太平洋の要として、絶対安全を誇った真珠湾に水中から進入し、信頼を崩壊させた。その功績はまさに「史上空前の快挙」と言ってよい。

その証拠に、米国で数次に渡り開催された、査問委員会において「進入したのはただ1隻で米海軍に撃沈され、全く被害はなかった」と繰り返し強調したのも、裏を返せば「太平洋の要」と内外に誇り続けた真珠湾の価値が微動だにしなかったことを内外に示すためだったとも言えるのではなかろうか。

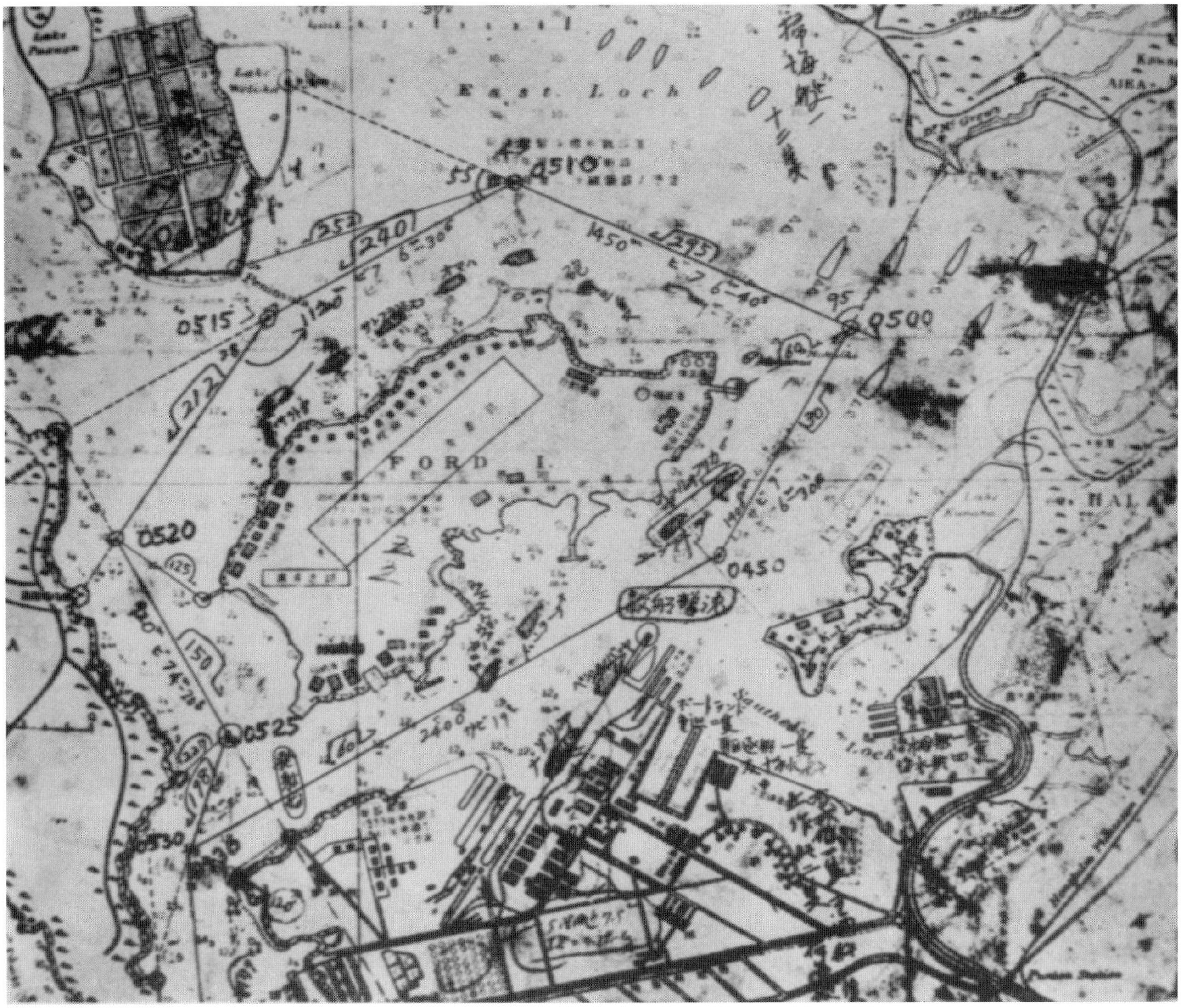

▲引き揚げられた甲標的から発見された真珠湾攻撃計画図で、酒巻艇から押収されたものである。出撃前、酒巻艇長が真珠湾への進入針路を図へ記入していたが、米軍はこれを真珠湾に進入した結果（航跡）を記入したものと考え、岩佐艇、横山艇に続いて３艇もの湾内進入を許したとして大きな問題になったという。

新聞報道に見る1次隊

朝日新聞

盡忠古今に絶す軍神九柱

偉勲輝く特別攻撃隊

挺身、布哇眞珠灣を强襲

特別攻撃隊の呼び方

大本營發表 三月六日午後三時

感狀授與 忠烈を中外に宣揚せり

海軍省發表（昭和十七年三月六日午後三時）昭和十六年十二月八日布哇海戰において、特殊潜航艇を以つて布哇軍港に突入し、偉功を奏したる特別攻撃隊に對し聯合艦隊司令長官より左の通り感狀を授與せられ、右の旨海軍大臣より奏上せり

感狀

特別攻撃隊

昭和十六年十二月八日開戰劈頭、挺身米國太平洋艦隊主力を布哇軍港に襲撃し、友軍飛行機隊と呼應して多大の戰果を擧げ、帝國海軍軍人の忠烈を克く中外に宣揚し、全軍の士氣を顯揚したるは、その武勲抜群なりと認む

仍て茲に感狀を授與す

昭和十七年三月十一日

聯合艦隊司令長官 山本五十六

九勇士、二階級を特進

海軍省發表（昭和十七年三月六日午後三時）特別攻撃隊員中の戰死者に對し、昭和十六年十二月八日附特に左の通り二階級を進級せしめられたり

任海軍中佐 海軍大尉 岩佐直治

任海軍少佐 海軍中尉 横山正治

同 古野繁實

任海軍大尉 海軍少尉 廣尾彰

任海軍特務少尉 海軍一等兵曹 横山薫範

同 佐々木直吉

任海軍兵曹長 海軍二等兵曹 上田定

同 片山義雄

同 稻垣清

▲真珠湾特殊潜航艇の活躍を報じる昭和17年3月7日の朝日新聞。「偉勲輝く特別攻撃隊」「挺身布哇（註：ハワイ）真珠湾を強襲」と大々的に特別攻撃隊の戦果を報じている。この記事に多くの国民が感銘を覚え、また多くの若者は将来自分も特殊潜航艇に乗り込み出撃したいと願った。

朝日新聞　1面記事について

昭和17年3月7日、朝日新聞一面は真珠湾に突入した甲標的の戦果を大々的に報じた。

誌面には12月8日に真珠湾に「特殊潜航艇」が突入し、多大な戦果を挙げたとあり乗員9名の実名を掲載し、2階級特進の栄誉を讃えている。この新聞を見た多くの国民はその挺身攻撃に強い感動を覚え、多くの青年が軍神に続けと海軍兵学校を受験し、実際に甲標的講習員を熱望した若者も少なくなかった。

しかし良く読むと、軍機密である「特殊潜航艇」については当然ではあるが具体的なことについては詳しくは書かれておらず、どのような潜水艇であるかをうかがい知ることはできない。

「九軍神と聞いた国民が何故10人でなくて9人なのか疑問に思った」という回想を目にすることがあるが、当時は特殊潜航艇が何人乗りかについての情報はないので、発表された人数に疑問の持ちようがない。

また、戦果については「一艇によるアリゾナ撃沈」とあるが、どの艇が戦果を挙げたなどの具体的な内容はない。

また新聞のすみには今回の真珠湾への突入に対し「昭和の特別攻撃隊」という固有名詞を使う旨が書かれており、これに則ってのちのシドニー、ディエゴスワレスへの攻撃は第2次特別攻撃隊と称され、また双方の兵器を特殊潜航艇とする旨、発表された。そして、以後のガダルカナル島、セブ、沖縄における甲標的の作戦に際して、例えば第3次特別攻撃隊とか、特殊潜航艇とは呼称されることはなく、1次、2次隊のみに使われることになった。

さらに国民の感動を呼んだ記事として、作戦の企画は攻撃を実行した岩佐大尉以下数名の将校の着想に基づくものであったと書かれている。しかし実態は山本五十六連合艦隊司令長官が発想し、長官の意を体した原田 覚「千代田」艦長が研究をすすめた結果であると考えられる。

しかし、

「攻撃は青年将校の発想」

「全艇港内に侵入攻撃、戦艦轟沈」

「全員壮烈な戦死」

と三段がまえで国民の感奮をあおり、結果、当時の老若男女を熱狂の渦に巻き込むこととなった。

特別攻撃隊の呼び名

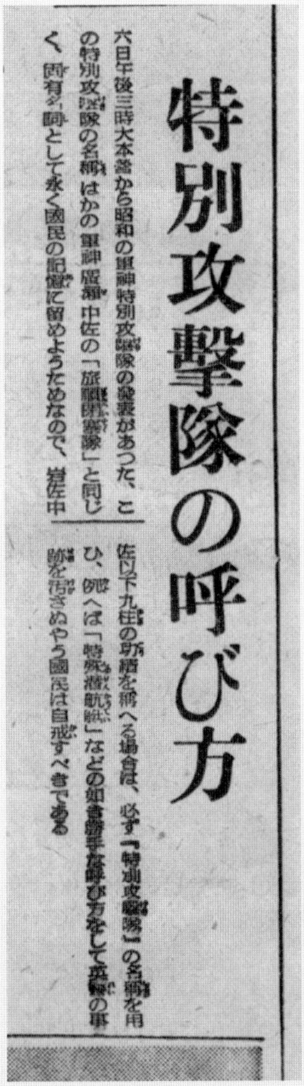

特別攻擊隊の呼び方

六日午後三時大本營から昭和の軍神特別攻擊隊の發表があつた、この特別攻擊隊の名稱はかの軍神廣瀬中佐の「旅順閉塞隊」と同じく固有名詞として永く國民の記憶に留めようためなので、岩佐中佐以下九柱の勲績を稱へる場合は、必ず「特別攻擊隊」の名稱を用ひ、例へば「特殊潜航艇」などの如き勝手な呼び方をして英靈の事蹟を汚さぬやう國民は自戒すべきである

◀前ページ右下の部分を拡大したもの。「特別攻撃隊の名称は『旅順閉塞隊』と同じく固有名詞として永く国民の記憶に留めようため」と記述されている。

昭和十七年三月七日（土曜日）　朝日新聞　（三面）

永へに國民仰慕の九軍神

「大君のために散らん若櫻」 還らぬ征旅の門出に遺書

岩佐中佐

横山少佐

古野少佐

廣尾大尉

海軍魂を讃へる五大將

でかした"肉薄必中" 生死歸一の水雷精神

鈴木大將談

生還·念頭になし 偲ぶ閉塞隊の闘魂

有馬大將談

若い者など申すまじ 偉功に泣く山本司令長官

想ふ佐久間艇長 冴へる潜水艦の傳統

高橋大將談

淡々たり必死行 神明も照覽し給うてあの大捷

末次大將談

宛ら人間魚雷

井出大將談

九勇士の横顔

一身に信望

岩佐直治中佐（二七）

柔道 相撲の猛者

古野繁實少佐（二四）

淡白な薩摩隼人

横山正治少佐（二三）

默々と鍛錬

廣尾彰大尉（二二）

特務少佐 佐々木直吉

特務少尉 横山薫範

兵曹長 稻垣清

兵曹長 上田定

兵曹長 片山義雄

海軍魂を讃へる五大将

3面には、艇長や艇付きの人となり、遺書などが丁寧に紹介されているが、さらに左面には「海軍魂を讃える五大将」とある。この5人の大将の人選がある程度意味があるように思える。

鈴木貫太郎大将は、日露戦争時の水雷艇艇長。当時の水雷艇は小型で特殊潜航艇のような肉迫必中兵器であり、その勇敢な元艇長の立場で讃えている。

有馬良橘大将は、旅順閉塞隊指揮官で特別攻撃について語る資格が十分にある。

高橋三吉大将は、直接潜水艦や甲標的には関係していないが、第6潜水艇遭難で平時の軍神として賞賛されている佐久間艇長と兵学校が同期。佐久間艇長の偉業を忍ぶとある。

末次信正大将は、潜水戦隊司令官時代に日本海軍の潜水部隊の改革を成し遂げた人物であり、潜水艦戦史を語る資格を有する。

井出謙治大将は創世記の潜水艦保有の牽引者で日本海軍潜水艦の父と言ってよいだろう。

このように潜水艦に縁の深い大将連を登場されている点、ある種の演出を感じる。

最後に山本連合艦隊司令長官のコメントとして、「偉功に泣く山本司令長官」とあり、若き士官の偉功に対する敬意は真実であろうが、戦果に対して賞賛している記事については、戦果なきことは確認していた筈であり、果たして本人の弁であろうかと疑念を抱かずにはおれない。

酒巻艇に見る1次隊特潜仕様

▶真珠湾攻撃隊仕様の甲標的/特殊潜航艇の特徴といえる艇首の8の字カッターであるが、2度の座礁で変形してしまっていおり、これでは魚雷の発射は不可能である。上下の魚雷発射管には丸い覆い(キャップ)が見えるが、第2次攻撃隊仕様では上のキャップが艇内からの操作によりエアーの圧力で外され、下のキャップは上キャップとチェーンで結ばれているので同時に脱落する構造になっていた。しかし真珠湾仕様のキャップがどのように外れたのかが不詳で、キャップの中央にある突起もなんの目的で付けられているのか不明。

◀酒巻艇のセイル部分。米軍が撮影した写真に機能の詳細を記載したもので、写真右が艇首方向となる。中央に潜望鏡、その右にある突起は無線アンテナマストである。そのさらに右にある滑車は防潜網が艇体にからまぬように取り付けられた保護策を展張するためのもの。人物が立っているのでおおよそのセイルの大きさがおわかりいただけるだろう。

◀酒巻艇中央部の断面。甲標的の最大直径は1.85mであったが、写真の部分はややそれより小さいようである。中央上部の縦長の空間は人が通る通路で、非常に狭く感じられる。これら写真をご覧いただいてもわかるように引き揚げられた酒巻艇はほぼ完全な形で収容されたので、徹底的な調査の対象となった。

▶酒巻艇の操縦室で写真左側に見えているのが舵輪である。写真ではあまり見えていないがその上に深度計がある。舵と縦舵は艇付が操作をすることになっていたが、横舵は自動になっているため、潜望鏡深度を維持するような微妙な調整には不向きだった。

▶同じく酒巻艇の操縦室。中央の目盛りが見えるのが電流計で蓄電池の充電量を計測できる。右手の計器類は配電盤。左手の四角い箱のようなものには空気が入っており、なんらかの理由で浮上が困難な際、最後に使用する空気タンクである。

◀調査の終わった酒巻艇は米国民の戦意高揚と戦時国債募集の宣伝材料として利用された。写真は1942年に国内各地を巡回した際のもの。左のオープンカーの後部座席にルーズベルト大統領が乗っている。

◀同じく大型トラックに載せられ、全国各地を巡回した酒巻艇でこちらは1943年の撮影。最終的にはテキサスにある国立太平洋戦争博物館に収蔵された。当初は野外展示であったが腐食損傷を恐れたため、現在は屋内に展示されている。

▲戦時中、朝日新聞社が刊行した「九軍神正伝」に描かれていた第１次特別攻撃隊９名の搭乗員の肖像画で、真ん中には爆撃を受けるフォード島が描かれている。戦後、この「九軍神正伝」は回収されたため、現存する完本はほとんど無いといってよい。

第１次特別攻撃隊は全艇が真珠湾内への侵入に成功し、少なくとも米戦艦１隻を撃沈したと発表されたが、１艇も帰還しなかった。
果たして甲標的を警戒厳重な敵の港湾に突入させることが有効なのかどうか疑問が残るなか、第２次特別攻撃隊が編成される。
そして遠くインド洋の果て、マダガスカルのディエゴスワレス湾攻撃では英国が“第２次世界大戦において日本海軍潜水艦の最高の戦果”と評し、オーストラリアのシドニー湾攻撃では敵将をして“極めて勇敢な行為”と讃える戦功として結実する。
甲標的として初の確実な戦果を挙げ、真珠湾攻撃同様、１艇の帰還も果たすことはできなかった第２次特別攻撃隊５艇の戦いはいかに。

▲2007年11月、シドニーのアマチュアダイバーにより発見された甲標的と思われる船体は、豪政府の綿密な調査により伴艇と確認された。豪海軍参謀長は日本の海上幕僚長へ洋上での慰霊祭挙行を提案、豪軍艦「ニューカッスル」に招待した。写真は伴艇の眠る現場海域を訪れ、祈りにともに花輪を捧げた際のもの。

第4章

第2次特別攻撃隊の編成

さらなる港湾侵入作戦の機運と真珠湾戦訓の無視

甲標的母艦「千代田」の艦長であり戦力化責任者であった原田 覚大佐の、昭和16年11月18日の日記にすでに第2次攻撃隊構想が発起されたことを記している。

その2ヶ月前の昭和16年9月、原田は搭乗員を二分し岩佐中尉以下7名を「千代田」乗組みとして性能試験要員に充て、秋枝中尉以下5名を第3期講習指導官として呉魚雷実験部に配置した。10月上旬に甲標的の真珠湾使用が決定した時、「千代田」は連合艦隊旗艦「長門」と共に山口県室積沖に停泊中で、岩佐艇長らが原田の指示を受けて真珠湾使用準備を実施していたので魚雷実験部所在の艇長たちは全く関係しなかった。また、前述のように「千代田」在艦の松尾と神田は「龍田丸」の見習い運転士に変装し真珠湾偵察に出張していた。

その後、1次隊5隻が母潜水艦に搭載されて真珠湾に向け

出撃していく中、1期1名、2期6名の基礎訓練を終えた艇長のうち、1次隊員とともに計画、準備を実施したのは伴少尉だけで、1次隊の出撃時、第3期講習員10名は10月上旬からの講習を開始したばかりという状況であった。

その頃、軍令部潜水艦担当幕僚 有泉は新造潜水艦6隻を含む第8潜水戦隊の編成に着手した。甲標的7隻、航空機4機を11隻の潜水艦に搭載して航空機で港湾偵察し、主力艦を発見した場合には甲標的で攻撃するという潜水艦の機能を無視した構想だった。

潜水艦本来の性能発揮に期待し、当初は「背負い式」用法に消極的だった大本営は真珠湾攻撃のあと「兵器改善と技量向上によりさらに戦果拡大可能」と態度を変えるのだが、実は1次隊の戦果が全く予測できなかった時期に、すでに2次隊による「背負い式・港湾浸入」作戦が確実に歩みを進めていたの

第4期講習員

▶昭和17年1月に発令された第4期講習員。4期の講習は第2次攻撃隊の出師準備、第3期講習員の練成訓練によって、当初8週間の予定から4週間に短縮された。前列右より田中千秋少尉、1人おいて中央に石野自彊少尉、左端が篠倉 治少尉。この他に宇野馨少尉、渡部信一少尉（後に赤星と改姓。伊371潜水雷長で戦死）、鈴木徳四郎少尉（伊43潜で戦死）が講習員でいるが写真での特定ができない。いずれも海軍兵学校第69期。他は特務少尉でやはり写真で特定はできないが、勝部健逸少尉、黒見 清少尉、松本 基少尉である。

▲第4期講習員の艇付と整備員

である。

12月17日、原田艦長は「搭乗員収容皆無は極めて遺憾、収容法の工夫と訓練を実施せよ」との山本長官の内意を黒島先任参謀から伝達された。搭乗員の収容は兵器性能、作戦計画、技量などの総合成果であり原田艦長の処理できる問題ではなく、戦訓に基づき連合艦隊レベルで検討すべき問題であった。

にも関わらず、黒島参謀は山本長官の内意を他人事のように伝達した。原田艦長は山本長官の内意を実行すべく、秋枝を播磨灘の家島に派遣し、収容会合訓練のための基地設営を始めた。

昭和17年1月3日、ハワイ作戦に参加した伊16潜がようやく内地に帰投し、戦闘詳報を提出した。総花的な所見ではあったが特に改造所見では「高速より航続力、操縦性特に旋回圏縮小、後進力増加、洋上戦闘用と港湾用と計画を異にする」など、机上論に過ぎず岩佐大尉らが発進前に心血を注いで書き残した改造所見には触れていなかった。

宇垣参謀長は戦藻録に

「伊16帰投、研究の余地大、之を充分解決して次回の使用を計画すること肝要なり」

と書いただけだった。同日の原田日記には

「GF司令部で第2回特攻打ち合わせ大体具体化せり。伊16入港、長官室にて報告を聞く」

と書かれ、報告を聞く前に2次隊構想が概ね決定していたことが推察できる。

訓練と要員選抜

昭和16年10月から第3期講習が実施され、主務・加藤中佐、補佐・秋枝中尉で第2期講習出身者が2次隊訓練の傍らマンツーマンで指導に当たった。1月6日から第1期・第2期出身者は播磨灘家島を基地に伊16潜と協力、母潜水艦との会合訓練を実施した。甲標的は伊16潜から10浬離れて電波発射、伊16潜はこの方位を測定し、水中信号で甲標的に通知し、誘導するという構想だった。水中信号の通達距離は5,000～6,000mに過ぎず、ここまで近付けば会合に問題なく、また電波を発射するためには甲標的は浮上し、手動ハンドルを廻して空中線マストを上げ、艇長が電鍵を叩かねばならず、艇長はこの訓練にさっぱり熱意を示さなかったと言われているのも当然である。

2次隊員予定者は第1期・第2期講習出身者7名を第1候補とし、将来を考え第3期講習出身者の参加も検討された。

原田艦長は

1. 1次隊より困難
2. 襲撃し必ず帰り得る力量
3. 成功を確信している人物

の3条件を考慮し、第1期・第2期から5名、第3期から2名と腹案を決めた。

秋枝を残す考えだったが、結婚したばかりなのに熱烈な希望を寄せ「古参者を残すことは名を将来の発達にを借りて自分達の偷安を願う心である。結婚のことで将来誤解を受けぬよう」にと思い定め、1月末、艇長人選を決定した。

それは秋枝、松尾、中馬、神田、八巻、伴、太田、予備に岩瀬という編成だった。このうち太田、岩瀬は第3期講習出身である。艇付は、固有の兵曹を配置した。ほとんどが独身者の中、秋枝と艇付きの竹本は妻帯し、竹本兵曹の長女は生後半年の可愛い盛りだった。

1月下旬は広島湾で敷設襲撃訓練を行なう。これは母艦速力20～24ノットで甲標的を発進させ、襲撃する訓練である。続いて那沙美水道夜間通航訓練を実施。これを連合艦隊司令長官、呉鎮守府長官が視察した。2月は訓練海面を安芸灘に移し「千代田」から発進、帰投する全航程26浬、所要時間6～8時間の訓練を実施した。速い潮流に逆らって通航すると上下左右の舵が極度に鈍くなり深度は6mから50mの間を一挙に上下し、艇首は左右に90度以上振り回される過酷な訓練となった。

一方、加藤中佐は安芸灘西部の大迫海岸に基地を設営し、シャラン船搭載甲標的を使用。防潜網跳越、切断、海底匍匐、航行船追随などの特殊訓練、爆雷耐爆試験などの性能試験を行なった。

防潜網跳越えは「艇危殆に陥ることしばしば。秋枝曲芸を見た。若人は向こう見ずである」と原田日記にはある。航行船追随は有効と思われたが甲標的の潜望鏡観測速力は4ノット以下のため、10ノットを越える航行船追随はほとんど不可能だった。

第3期講習は1月末で終了、その後は練成訓練に入った。ついで第4期講習が2月1日に開始され2次隊訓練を始め各種訓練が入り交じり、指揮官は訓練艇、訓練海面のやり繰りが大変だった。

また「龍田丸」での真珠湾事前偵察に赴いた松尾、神田は30日間、特に松尾はその後の1次隊指揮官付として行動した期間を含み50日間、訓練機会がなかったため技量回復に睡眠時間まで惜しんで精進した。

甲標的性能向上に貢献

▲友永英夫造船少佐は自動懸吊装置、重油漏洩防止装置の開発で２度にわたり海軍技術有功賞を授与された、海軍潜水艦技術者の権威者。開戦前、甲標的のハワイ作戦に使用するため網切器や、潜航時間の伸長を図るため気蓄器を搭載し、また潜水艦内から外せる甲標的固縛バンドを装備するなどわずか１ヶ月あまりで改造を完了して攻撃隊を送り出した。その後ドイツに派遣され、昭和20年５月にU234で帰国途中、ドイツの敗戦により同艦内で庄司元三中佐とともに自決を遂げた。

友永英夫技術大佐の功績

友永英夫技術大佐は後年、「日本潜水艦設計の至宝」とまで言われ潜水艦設計の第一人者として画期的様々な発明を成し遂げた。

そのひとつが潜航中の潜水艦がエンジンを作動せずに水中で一定の深度を保って静止することができる「自動懸吊装置」であり、重油タンクの圧力を調整することにより重油が漏れ出すことを防ぐ「重油漏洩防止装置」などで、これらの装置が最前線で活動する潜水艦にとってどれ程の貢献を果たしたかは計り知れない。

そうした潜水艦設計の権威者である友永少佐（当時）に対して、甲標的を真珠湾攻撃に際し湾内潜入攻撃用に改造を施すように命令が下った。これにより甲標的を母潜水艦に固縛するバンドの設置や、母潜水艦から発進後、長時間潜航を余儀なくされることから潜航時間伸延のため操舵空気用気蓄器を設置したり、潜水艦の潜入を防ぐ防潜網の切断機などを装備させるなど、極めて短期間に港湾襲撃用の仕様へ改造を実施したが、とくに苦心して手がけたのは甲標的を母潜水艦に固縛するバンドである。

これまでに潜水艦から小型潜水艇を搭載、発進させた経験などないことから、友永少佐は戦車の履帯を使った独自のアイデアで設計し、極めて短期間にこれを完成させることに成功した。当初はこの固縛バンドは甲標的の前後２ヶ所に設置され、母潜水艦内から外すことができる機構になっていた。

しかし第１次隊の先任艇長である岩佐大尉は、途中荒天による甲標的脱落を懸念し、出撃直前に増設のバンド設置を要望。休日にもかかわらず友永少佐宅を訪ね、あいにく不在であった少佐の帰宅を待って増設のバンドを急遽設置するよう依頼したという話がある。この増設バンドはさすがに直前に設置されたこともあり母艦内から取り外すことはできず、真珠湾攻撃において広尾艇は洋上での脱着、発進に予想以上の困難を伴う結果となった。

その後、友永少佐は潜水艦設計第一人者の技術力をかわれ、ドイツUボート研究のため昭和18年３月、伊29潜（インド洋でU180に乗りかえ）でドイツへ出張、滞在中日独潜水艦の技術交流に尽力し、昭和19年７月に帰国の命を受け、２度に渡る帰国延期の末、昭和20年４月にドイツ潜水艦U234で日本に帰国の途についた。しかし不幸にして昭和20年５月大西洋上でドイツの降伏に遭遇する。U234が米国に投降する決意を確認するに当たり、同乗していた航空機エンジンの権威、庄司元三技術中佐と共にUボート艦内で服毒、自決を遂げた。

艦長以下、ドイツの潜水艦乗員たちは技術士官という本来戦闘に参加しない立場の両名が日本国軍人として示した高潔な最後に、ふるえるような感動を覚えたとある。

▲跳越訓練の甲標的。甲標的の難敵である防潜網を突破するに、這航(しゃこう)、跳越(ちょうえつ)、切断(せつだん)とあり、這航は防潜網の下を潜って突破する方法。跳越は防潜網を飛び越える方法である。特に跳越は極めて練度が要求される方法で着水に失敗すると転覆の恐れがあった。加藤指導官は跳越訓練の前の晩、自分の部屋に艇長を招き泊まらせ、心構えや技術を寝る時まで指導したという。

第2次攻撃隊仕様

▲真珠湾攻撃の際の戦訓に基づき、シドニー、ディゴスワレス攻撃で使用された甲標的に装備された防潜網切断器。しかしこの装置が座礁などにより変形し、かえって魚雷が発射できなくなるなど不具合の元となった。形状の違いから真珠湾攻撃の第１次隊仕様との区別が容易である。

▶甲標的艇首部分に装備された網切り。これも真珠湾での戦訓で装備されたもので、第２次攻撃隊仕様の特徴のひとつである。

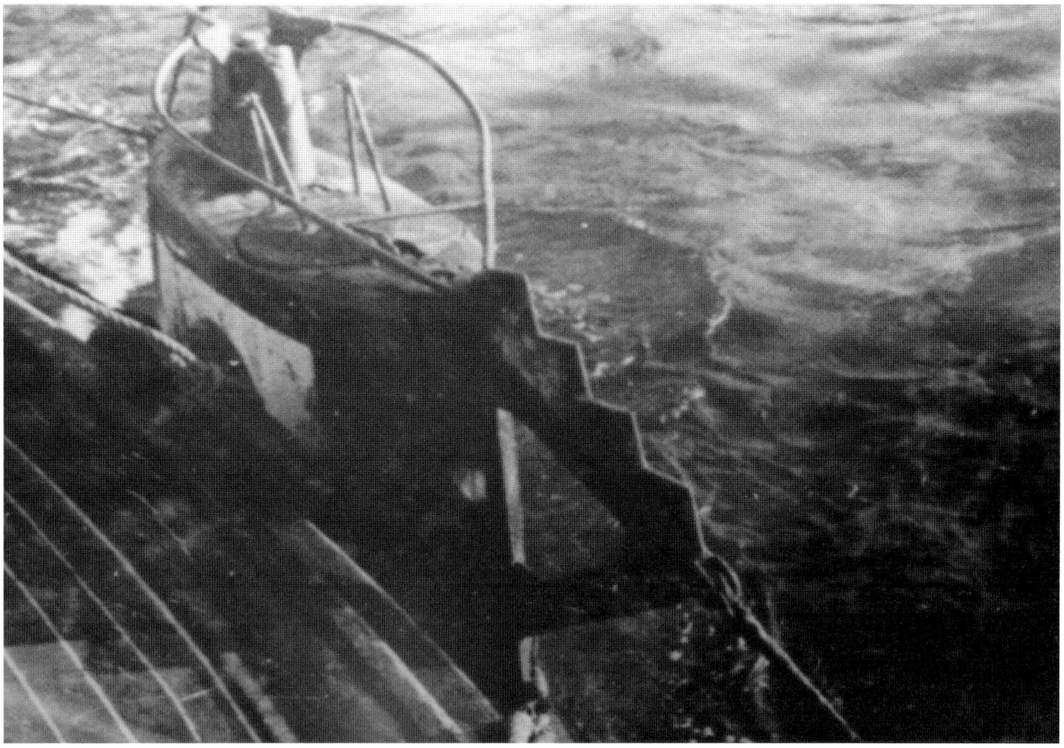

◀司令塔に装備された防潜網の網切り。これも真珠湾攻撃の戦訓に基づき装備されたもの。司令塔に網切りがあるのはシドニー、ディゴスワレスで使用された第2次攻撃隊の甲標的だけで、のちのガダルカナル作戦やキスカに配備された甲型、あるいは丙型や丁型「蛟龍」には装備されていない。

▲防潜網を逗航、跳越で突破することは極めて困難なため、これを切断して切り抜けるのがもっとも現実的な攻略方法であった。写真は甲標的が防潜網に阻まれた際、艇から出て防潜網を切断している様子だが、敵の威力圏下で果たしてこのような作業ができたかは疑問である。

技術者の貢献に謝す

表彰狀

海軍機関大尉正七位勲六等 堀 俊雄

特殊潜航艇ノ考案ニ関シ
特ニ困難ナル實驗操縦ニ任ジ
之ガ完成ニ寄與セルハ帝國
海軍ニ貢獻スル所洵ニ大ナリ
仍テ銀杯壹組並ニ金貳百
五拾圓ヲ賞與ス

昭和十七年五月二十七日

海軍大臣従三位勲一等功三級 嶋田繁太郎

▲▶堀 俊雄機関大尉（海機46期）は第１章で述べたように関戸好蜜大尉とペアを組み、実用実験に携わった人物。甲標的開発への貢献を認められ、技術有功賞を授与された。上はその表彰状。

◀▼甲標的開発担当の石井欣之助技師に授与された技術有功賞。石井技師は電池から発生する悪ガス除去装置を考案し、その後の甲標的戦力化に大きく貢献したことにより昭和17年5月27日に海軍大臣嶋田繁太郎の名前で技術有功賞を授与された。石井技師は典型的な技術屋で、戦後に研究者が甲標的に関して都度質問すると、毎回化学方程式で回答が来たという逸話がある。金800円が授与されているが、今日の貨幣価値でいうと約150万円相等と考えられる。

賞状

海軍技師正七位石井欣之助

特殊潜航艇ノ重要設計ヲ擔
任シ克ク之ガ完成ニ寄與シ帝國
海軍ニ貢獻スル所洵ニ大ナリ
仍テ海軍技術有功章令ニ依リ
徽章並ニ金八百圓ヲ授與ス

昭和十七年五月二十七日

海軍大臣従三位勲一等功級嶋田繁太郎

第5章

第2次攻撃隊出撃

第8潜水戦隊司令官 石崎 昇 大佐

▲石崎司令官は府立3中出身、海兵42期。中尉時代から潜水艦一筋の典型的な「潜り屋」である。各潜水艦乗組みを経て大正13年に初めて呂号潜水艦長になってから4隻の伊号潜水艦長、潜水隊司令、潜水学校の教頭を歴任し、8潜戦の司令官になった。終戦直前に予備役となっているが、長い軍歴の中で特務艦長を2度、戦艦「日向」艦長、予備役直前の第22戦隊司令官以外はほとんど潜水艦関係の職務に就いている。反面、慎重すぎる作戦行動、食事や航海に関することまでこと細かく厳しい司令官で、良く部下を蹴ったことから「司令官の側に居る時はゲートルを巻いたほうがいい」といわれ潜水艦関係者からは怖がられたという。

第8潜水戦隊の編成

2月20日、潜水学校教頭だった石崎 昇大佐は第8潜水戦隊司令官予定として第6艦隊司令部付に発令された。大迫基地に加藤中佐を訪ねた石崎大佐は訓練見学のあと「千代田」に2泊し研修を行なった。

2月24日、原田艦長は酒巻少尉が捕虜になったことを知らされ、2次隊予定者に「日本人の捕虜感」について訓示を行なった。27日、新しく甲標的母艦「日進」が就役する。3月2日夕刻、神田中尉の第13号艇は狭水道訓練中、浸水沈没し、同乗の三扶尚三中尉、大石鷹次兵曹長ら乗員3名が殉職した。

その4日後の3月6日、九軍神の大本営発表があったが同じ日に神田大尉らの葬儀が執り行なわれた。「千代田」における反応はほとんど無かったという。

3月10日付けで、第8潜水戦隊が編成され、軍令部にいた有泉中佐が先任参謀として着任した。同中佐の後任、井浦祥二郎中佐は福留第1部長から

「隊の者が頑張るからやらせる。立派な兵器を持った潜水艦がそれを使わないで背中におんぶした子供にやらせるなんて作戦の本道を外れている」

と言われた。

第8潜水戦隊所属潜水艦は伊16潜が編成1ケ月前の2月10日呉着、母潜水艦と甲標的を結ぶ交通筒を装備し、甲標的搭載訓練を実施。伊27潜、伊28潜、伊30潜（いずれも乙型）は2月下旬に竣工、慣熟訓練実施後、呉に到着。伊18潜、伊20潜、伊22潜、伊24潜（いずれも丙型）は2月上旬、1次隊の編成を解かれ整備休養ののち、3月10日までに呉着。伊27潜、伊28潜はとともに交通筒を装備した。航空機搭載の伊10潜（甲型）、伊21潜（乙型）、伊29潜（乙型）は米機動部隊襲撃作戦に参加し、20日に呉に集合した。

24日、これら母潜水艦は、大迫沖で「千代田」と「日進」から甲標的を搭載し、発進、襲撃、会合訓練を実施した。

神田艇殉難

▲3月2日、安芸灘での訓練中に沈没殉職した神田中尉。海兵67期、鹿児島1中出身の中尉は第2次特別攻撃隊員として近く出撃する予定であったため「すめらぎの御国に生まれし益良雄が軍の花と散るぞ嬉しき」と辞世の句を遺してあった。のちに第2次隊に参加した搭乗員のポケットには神田中尉、三扶少尉、大石1等兵曹の写真が密かに収められていたという。

▼大迫のみかん山の散歩を楽しむ講習員。前列右から三好芳明少尉、伴少尉、中馬中尉、後列右より国弘信治少尉、三扶(みぶ)尚三少尉。昭和16年の撮影で、国弘少尉はガ島作戦で甲標的搭乗員として初の生還を果たし、三好少尉はのちに小豆島蚊龍隊へ着任、終戦を迎える。

◀大石鷹次兵曹長(左)と山本信次郎兵曹。昭和17年3月2日安芸灘で夜間狭水道通狭訓練のため艇長神田 晃中尉、艇付大石1曹及び記録係りとして三扶尚三(みぶ・しょうぞう)少尉が同乗した甲標的は水上航走から潜航した直後に沈没した。神田艇は5日夕刻になりようやく引揚げられたが、3名の殉職が確認された。原因は灯火管制訓練中のため、暗夜で開放時のハッチ固定金具をはさんだままハッチを閉めたことに気がつかず、その隙間から大量の海水が浸水して沈没したことであった。写真は大石1曹が殉職する1週間前に撮影されたもの。

第2次特別攻撃隊員 千代田退艦

▶呉水交社における最終打ち合せ後に撮影された第2次特別攻撃隊員と母潜水艦の艦長たち。前列右から吉村巌中佐（伊27潜、中馬艇搭載）、第3潜水隊司令（東方先遣支隊指揮官）佐々木半九大佐、揚田清猪中佐（伊22潜、松尾艇搭載）、花房博志中佐（伊24潜、八巻艇搭載）、後列右より松尾大尉、八巻中尉。

▶「千代田」艦上の第2次特別攻撃隊隊員。前列が艇長、後列が艇付で前後でペアとなる。前列右から岩瀬勝輔少尉、太田政治中尉、松尾敬宇大尉、秋枝三郎大尉、中馬兼四大尉、八巻悌次中尉、伴 勝久中尉。後列右から高田高三2曹、坪倉 大盛嬉（だいせいき）2曹、都竹正雄2曹、竹本正巳1曹、大森 猛1曹、松本 静1曹、芦辺 守1曹。八巻艇は出撃前に電池爆発のため負傷、艇付の松本1曹は戦死。太田艇は母潜水艦が荒天のため機関が故障し出撃できず。太田中尉はのちに伊52潜航海長で戦死、坪倉2曹はガ島甲標的戦で辻艇の艇付で戦死する。

作戦発動

第8潜水戦隊は3月31日、「機密先遣部隊命令第1号」を発令、潜水艦5隻を甲先遣支隊としてインド洋に、6隻を東方先遣支隊として南太平洋に指向した。石崎司令官は甲先遣支隊を直率、1次隊指揮官だった佐々木大佐が東方先遣支隊指揮官となった。

出撃する甲標的搭乗員、整備員の母潜水艦乗組発令は「○○へ一時転勤」という1次隊と異なり「第8潜水戦隊司令部付、乗艦を○○に指定する」との文面に変更され、4月1日付けで発令された。母潜水艦は兵器である甲標的を搭載し、魚雷同様これを発進させるだけで、死を決した搭乗員は司令部付の便乗者という統率上疑問の多い発令であった。

特別攻撃隊は4月16日柱島に集合、第6艦隊長官、連合艦隊司令長官の訓示を受け、白昼堂々と編隊を組んで瀬戸内海を出た。1次隊が闇にまぎれ密かに出撃したのとは雲泥の差があった。

山本長官は口を開けば「効果が無いと判断したら発進を止めよ。搭乗員は必ず帰れ」と発言していたが「必ず帰れ」と言う以上は「帰り得る」対策をとることが指揮官の義務である。

石崎司令官は

「会合不能の場合、搭乗員の処置、捜索収容方法、規約信号等を定め、他に方策無き場合、状況之を許さば中立国経由帰投の策を構ずべきことを命ず」

とインド洋航行中に命令した。

第8潜水戦隊　司令官：石崎 昇大佐（後に少将）

●甲先遣支隊　指揮官：8潜戦司令官直率
伊10潜、伊16潜、伊18潜、伊20潜、伊30潜、特設巡洋艦「報国丸」「愛国丸」

●乙先遣支隊　指揮官：第14潜水隊司令 勝田治夫大佐
伊27潜、伊28潜、伊29潜

●丙先遣支隊　指揮官：第3潜水隊司令 佐々木半九大佐
伊21潜、伊22潜、伊24潜

※乙、丙先遣支隊が同一方面に作戦行動する時は、東方先遣支隊と言い、第3潜水隊司令指揮官となる。

ディゴスワレス攻撃隊編制

母潜	艇名	艇長	艇付
伊16潜	岩瀬艇	岩瀬勝輔 少尉	高田高三 2曹
伊20潜	秋枝艇	秋枝三郎 大尉	竹本正巳 1曹
伊18潜	太田艇	太田政治中尉	坪倉大盛喜 2曹

シドニー攻撃隊編制

母潜	艇名	艇長	艇付
伊22潜	松尾艇	松尾敬宇 大尉	都竹正雄 2曹
伊27潜	中馬艇	中馬兼四 大尉	大森　猛 1曹
伊20潜	伴艇	伴　勝久 中尉	芦辺　守 1曹
伊24潜	八巻艇	八巻悌次 中尉	松本　静 1曹

◀出撃直前の小早川邸における第2次攻撃隊員壮行会。左から河野克次機関大尉（岩瀬艇搭載の伊16潜機関長）、同夫人、秋枝大尉、伴中尉、中馬大尉、小早川氏、同子息、同峯子夫人、秋枝大尉夫人、後列の女性2人は当時小早川氏邸で営まれていた洋裁学校の生徒さん。

第6章

ディエゴスワレス攻撃隊

甲先遣支隊、インド洋出陣

甲先遣支隊は石崎 昇司令官直率の下、旗艦伊10潜、第1潜水隊、伊16潜、伊18潜、伊20潜、「日進」の順に航行、途中、漁船の歓送を受けた。

伊30潜は「日独間海路輸送連絡艦」に指定され「9月下旬までに訪独を終え帰投」の命と両立させるため先行、アデンを始めアフリカ東岸諸港偵察に向かった。特別攻撃と訪独という、困難で重要な作戦を同時に実施させたのは疑問が残る。

主隊は特設巡洋艦「愛国丸」「報国丸」を帯同しペナンからインド洋南西部に向う直線コースをとったため、偵察艦伊30潜との距離は2,000浬を超え、主力艦発見の報を得ても攻撃に間に合わない可能性が高かった。

当初マダガスカルはヴィシー政府領のため攻撃候補地として考慮されていなかった。ところが5月5日、英軍はディエゴスワレスを攻略。これにより石崎司令官は20日に至り「30日2030　ディエゴスワレス攻撃」を決定し甲標的搭載潜水艦をこれへ指向した。

航行中の整備は1次隊戦訓に基づき出撃前に母潜水艦との間に交通筒を整備したため、格段に容易となったが、20日以降、東北東の風強く追波を受けて主機に浸水、故障が続出した。

司令官は攻撃予定日を再三変更し、29日には「特例あるまで延期」と下令した。これに対して、すでにディエゴスワレス港外で待機していた今和泉第1潜水隊司令は「至急攻撃の要」を長文の電報で意見具申した。

29日、荒木俊士大尉(海兵67期、のちに戦闘機に転科、昭和20年2月に302空で戦死)を機長とする伊10潜搭載機はディエゴスワレス湾内を偵察して「主力艦在泊、湾口防御器材無し」と報じ、これを受けて30日日没後、攻撃と決定された。

甲標的母艦「日進」

▲昭和17年2月19日、四国佐多岬沖で公試運転中の「日進」。本艦は当初第1状態で高速敷設艦として計画されたが、その後水上機母艦に変更され、結局甲標的母艦として竣工した。主機がディーゼルのため煙突がなく、備砲配置の違いから「千代田」、「千歳」との識別は容易である。本艦は結局、甲標的母艦として作戦することなく、潜水戦隊旗艦、甲標的や魚雷艇の輸送に使われ、昭和18年7月にショートランド北水道で爆撃により沈没した。

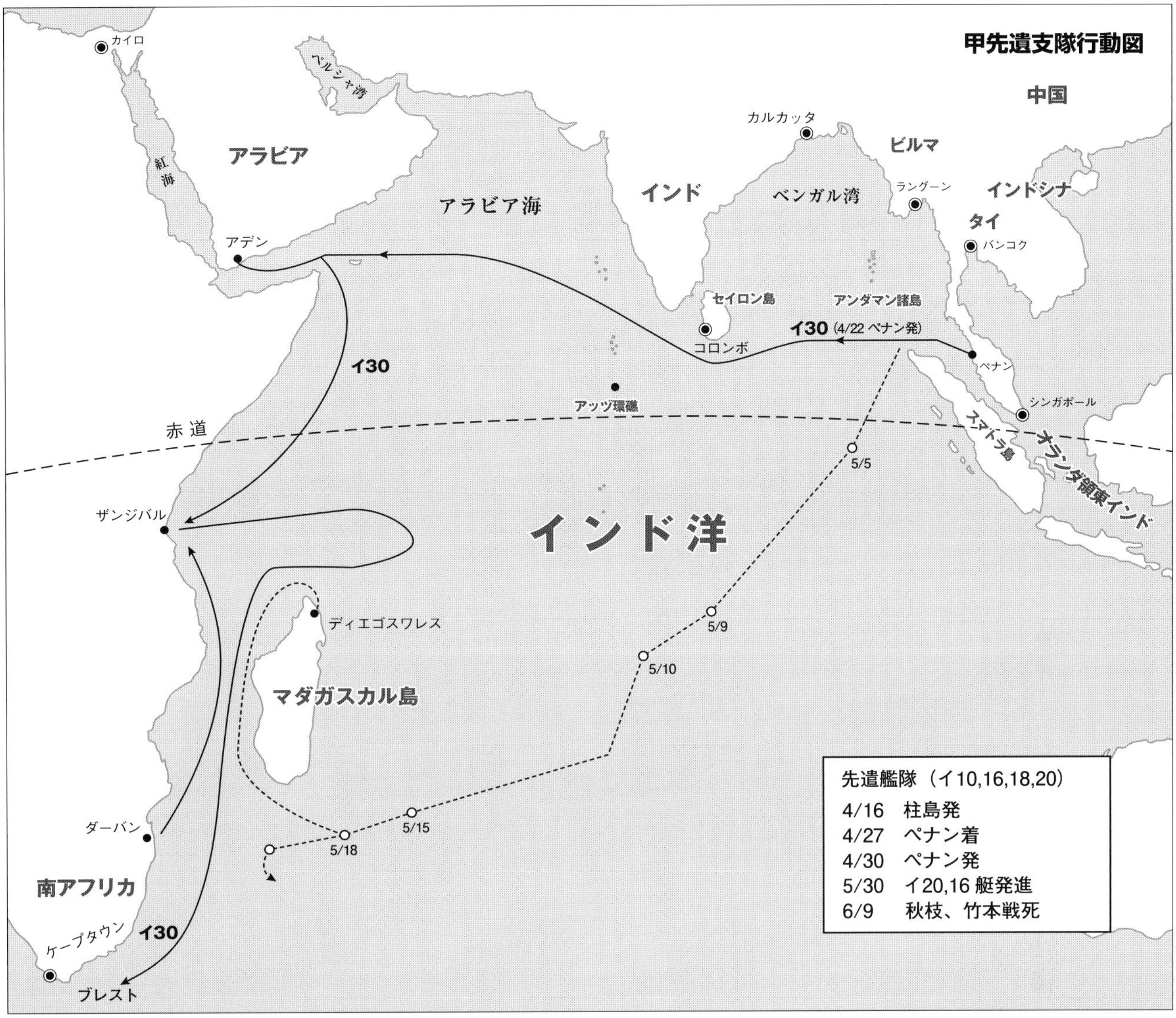

日独海路輸送連絡艦 伊30潜

◀伊30潜は乙型の11番艦として昭和17年2月28日に呉工廠で竣工した。ドイツ派遣潜水艦の第1番艦として、インド洋での要地偵察ののち同年8月にロリアンに無事到着。エニグマ暗号機など貴重なドイツ先進技術を積み日本への帰国の途につくも途中シンガポールで機雷に触れ沈没する。本来シンガポールには寄港する予定ではなかったが、兵備局が一刻も早く暗号機を入手したく独断で立寄らせたことが要因であった。写真は苦心の航海の末、ロリアン港に入港する際の伊30潜で、船体の汚れが長く困難な航海を物語っている。

零式小型水上偵察機

▲空技廠 零式小型水上偵察機は日本海軍における潜水艦搭載偵察機として126機と最も多数が生産され、開戦から昭和19年前半まで多くの偵察任務を成功させた。中でも伊25潜搭載機による米本土爆撃は有名で、特殊潜航艇の第2次特別攻撃においても事前偵察で敵艦船の存在を確認している。木金混製小型低翼双フロート式水上機で、時速246㎞/h、航続時間は約5時間。武装は7.7㎜旋回機銃1挺のみだった。

伊10潜飛行長
荒木俊士 大尉

▶荒木俊士(あらき・しゅんし)大尉は海兵67期、東京市立1中出身。昭和17年1月25日、博多航空隊付教官から伊10潜に乗組を命じられる。5月20日ダーバン、5月30日、31日ディエゴスワレスの飛行偵察を成功させ、昭和17年8月20日に横須賀航空隊付兼教官に転出。のちに2式水戦を操り、戦闘機に転科、首都防空部隊である厚木302空の零夜戦隊の分隊長として数々の本土防空戦に参加する。昭和20年2月16日「F6F」、「F4U」、「TBM」攻撃機、「SB2C」急降下爆撃機による米海軍・海兵隊機による本格的な初空襲が行なわれた日、零夜戦隊の分隊長として邀撃に出て敵機の攻撃を受け戦死した。戦死後少佐。写真は452空時代。

攻撃状況の整理

第2次攻撃隊としてインド洋南西部を目指した伊16潜(岩瀬艇搭載)、伊18潜(太田艇搭載)、伊20潜(秋枝艇搭載)のうち、太田艇は母潜水艦が荒天による機関故障で攻撃に参加できず、結局、秋枝、岩瀬の2艇がマダガスカル島ディエゴスワレスに突入した。その結果、1艇は湾内に進入、放った魚雷のうち1本は戦艦「ラミリーズ」に命中し撃破、もう1本はタンカー「ブリティッシュロイヤリティ」を撃沈した。その艇長は、会合点まで約40浬、甲標的の外洋荒天能力では一昼夜以上を要すると判断。湾の北岸に艇首を乗り上げて所用物件を陸揚げし、艇を湾内に沈め30日〜31日の間、陸路偵察など、陸行準備に充てたと推測する。

その後、母潜水艦との会合点を目指して陸行をこころみたが、途中英軍捜索隊に発見、包囲され、降伏を潔しとせず最後まで抗戦して搭乗員は2名とも戦死した。

しかしながら、この戦果を挙げた甲標的が秋枝艇なのか岩瀬艇なのか、あるいは秋枝艇と岩瀬艇がそれぞれ戦果を挙げたのか、また陸上で戦死した2人が誰であったのかについては確証が得られてはいない。

本書では次のような理由で秋枝艇が湾内に進入を果たした可能性が高いと考える。ただし、あくまで状況証拠、あるいは消去法であり、秋枝艇と推定される甲標的は今日も発見されていないことからも、確証ではないことをご理解いただきたい。

時間の問題

伊16潜は現地時間0000(以下特記しない限り同じ。日本時間1800)に甲標的離脱点に到着した。ところが伊16潜は反転して26分走って、0026に湾より北にずれた地点で岩瀬艇を発進させている。何故26分間も目的地より遠くに逆走したのかは記録がなくわかっていない。それに対し伊20潜の秋枝艇は岩瀬艇より1時間前に、ほぼ湾口の延長線上から発進している。湾口までの距離は秋枝艇も岩瀬艇もほぼ同じになる。

「ラミリーズ」や「ブリティシュロイヤリティ」が襲撃されたのは2時20分から25分(日本時間2002)であり、秋枝艇の場合、平均4ノットであれば襲撃地点に到達できる。しかし岩瀬艇はその倍の平均8ノットの速度でなければ、襲撃時間に到達できない。甲標的は水中最高速力19ノットだから8ノットでの進撃は可能と考えるかもしれないが、実際に外洋を行動する場合、そんなに速くは航行できない。そもそも潜望鏡で目標を確認しながらだと3ノットが限界となる。現に真珠湾で岩佐艇は平均約2ノット、古野艇は3ノットでしか出ていない。よって時間までに到達でき得たのは秋枝艇の可能性が高いと考えるのが自然である。

ディエゴスワレス湾

▲▼ディエゴスワレスはマダガスカル島北端に位置する場所にあり、現在はアンツィラナナと名称を変えている。元々1940年代、マダガスカル島はフランスの植民地であった。第2次世界大戦が勃発し、日本海軍がインド洋で作戦行動を実施しているのを受け、イギリス軍はマダガスカル島をインド洋やアフリカ大陸への進攻の拠点として使用されることを恐れて、同島に対してイギリス軍を中心とした連合国の上陸作戦、アインクラッド作戦を実施、同島を占領した。アインクラッド作戦には空母「イラストリアス」、「インドミタブル」、戦艦「ラミリーズ」を基幹とする艦隊が上陸作戦の援護を行なうこととなった。その占領後もディエゴスワレスには「ラミリーズ」がそのまま残り、特殊潜航艇からの襲撃を受けることになる。

英戦艦ラミリーズ

▲英戦艦「ラミリーズ」はイギリス、リヴェンジ級戦艦で、1917年に竣工した。第2次世界大戦時には老朽化が目立ち、とくに速度が遅いために使用用途が限られると考えられたが、実際は大西洋を中心に船団護衛や艦砲射撃などに活躍した。1940年にイタリアが参戦すると地中海艦隊に編入され、さらに1942年には日本海軍に対抗するためインド洋の東洋艦隊に配備された。英軍のマダガスカル島攻略作戦に参加し、そのままディエゴスワレス湾に留まっており特殊潜航艇の攻撃を受けた。その後ダーバンに帰国し損傷を修理した後、ノルマンディ上陸作戦に参加するなどして、1945年1月に予備艦となり、のちに解体された。

技量の問題

艇長である秋枝大尉は海軍兵学校第66期、岩瀬少尉は69期である。ディエゴスワレス攻撃の時、秋枝大尉は兵学校を卒業後すでに3年半以上が経過しているのに対し、岩瀬少尉はわずか約1年で出撃しなければならなかった。また海軍としての経験がある秋枝艇が湾口90度の方向にあり方位としては比較的直線の位置にあるのに対し、岩瀬艇が湾口より北の位置から発進しなければならなかったことからも、湾口進入できた可能性は、おのずと秋枝艇の方が高いと考えざるを得ない。

また秋枝艇の艇付竹本正巳1曹は世界に誇る日本海軍の下士官の中でもさらに最優秀者で、岩瀬艇の艇付である高田高三2曹も優秀な下士官には違いないが、一説には体調を壊し、一時は攻撃に参加できない状態であったのが無理を押して出撃したと言われている。仮に陸行した甲標的搭乗員が秋枝・竹元ペアではなく、岩瀬・高田であった場合、2日間に渡り陸路を行動することは困難であったのではあるまいか。

以上の状況から、戦艦「ラミリーズ」を撃破して湾外への脱出を図り、陸路会合点を目指した艇は秋枝艇であるという推定の下にあらためて両艇の行動を以下に記述する。

秋枝艇の戦い

30日1733、秋枝艇は伊20潜から発進、強い追い風を受け、狭く潮流の激しい湾口を目指した。発進地点より湾口への水道中央直線上にランゴロ島灯台を目標に進むことができる。この灯台の灯は湾口に入る際、北に変針した場合赤く見え、南に反れた場合はグリーンに見え、真っ直ぐに進む場合白色に見えるように造られていた。ディエゴスワレス港湾は世界三大港湾のひとつで、さすがに広く呉軍港の7倍近い規模を誇っていた。

攻撃時間は2030と指定されていたが、やや早くに戦艦「ラミリーズ」を発見。「ラミリーズ」は艦首を湾口に向け、

英油槽船ブリティッシュロイヤリティ

▲「ブリテッシュロイヤリティー」はイギリスのタンカーである。強運な船であり、特殊潜航艇によりディエゴスワレスで撃沈されたが、その後引き揚げられて再竣工を果たし、英軍基地があったモルジブ最南端に位置するアッドウ環礁に停泊中の1944年3月にはドイツ潜水艦U183の雷撃を受けたが沈没は免れ、そのまま燃料貯蔵船となった。

左舷を見せている。真横に位置できた絶好の態勢となった。2020、艇首を「ラミリーズ」の艦橋前方に向け、1本目の魚雷を発射。水面上に飛び出した艇首を修正してさらにタンカー「ブリティシュロイヤリティ」に2本目を発射した。

戦艦「ラミリーズ」は1本目の魚雷が命中して大破、2本目の魚雷はタンカー「ブリティシュロイヤリティ」を撃沈した。

各艇搭乗員行動図

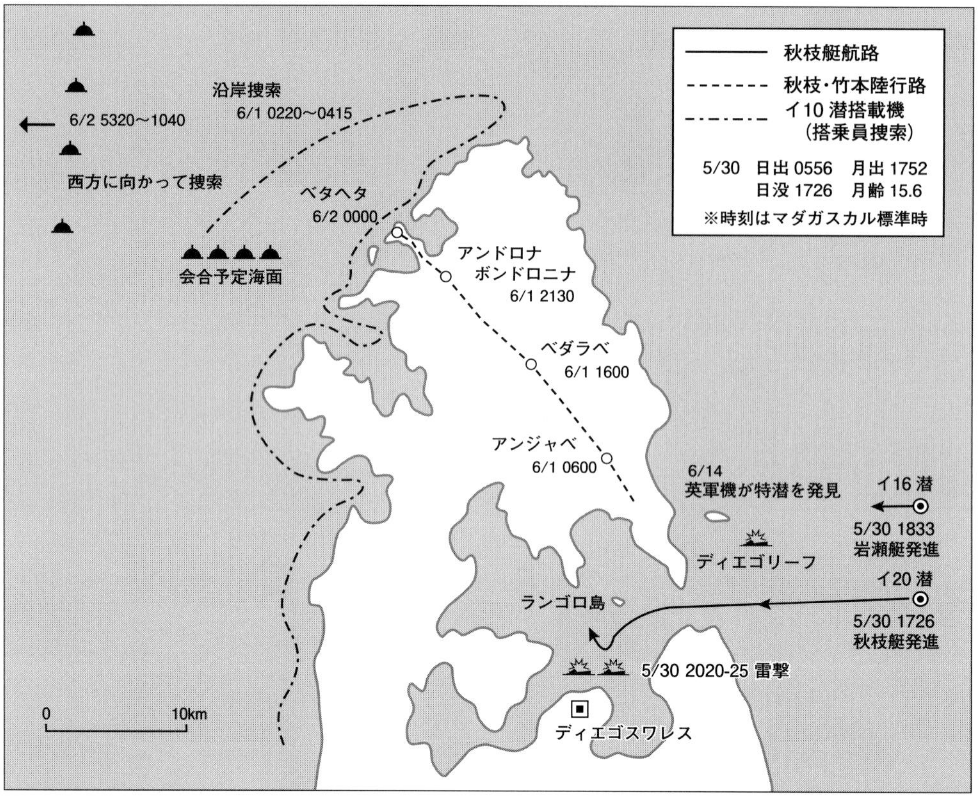

岩瀬艇と太田艇

秋枝艇より30分早く発進予定だった伊16潜搭載の岩瀬艇は逆に1時間遅れて1830発進した。発進後、北向きの強い潮流に流されて湾口リーフに座礁した可能性大であるが、詳しい行動内容はわかっていない。平成元年(1989年)に読売新聞、NTVの調査で確認された湾外ディエゴリーフの甲標的残骸は同艇と見られるが、確証はない。

伊18潜から発進予定だった太田艇は母潜水艦の機関故障のため発進位置に到着できなかった。司令官は遠距離からの攻撃強行を命令したが艦長は命令を無視し発進中止、後日、甲標的を海中投棄した。

石崎司令官は2330港内偵察をした伊10潜搭載機の「港内平静にして敵を見ず」という報告を受け「敵艦隊は甲標的攻撃前に脱出」と誤断、第1潜水隊司令に「甲標的に帰るように伝えよ」と命令。

しかし、すでに発進した甲標的に対して連絡手段はなく「今頃言われてもどうしようもない」と無視された。

攻撃後の収容について

各母潜水艦はマダガスカル西方の収容地点についた。伊10潜搭載機は搭乗員の上陸を想定して6月1日、西海岸の捜索を実施した。

秋枝・竹本は「攻撃が終わったら帰ることに専念せよ」との司令勧告の通り攻撃後、湾口外の北側にあるノシスアレス島の北側付近に艇を沈めて上陸したと推定(秋枝艇と思われる甲標的は現在も見つかっていない)。

搭乗員は漁師の舟に助けられて上陸し、アンタラブイの部落まで進んだ。その後北西の方向に進み、斜めに半島を横切る形となり会合点を望むベタヘタの丘を目指し山道を踏破した。36時間後の2日未明、両名が丘に到着した時、石崎司令官は「甲標的は海流に乗って西方に流された」と判断を下し西方に向っていた。計画していた位置で待っていたら、あるいは会合できたのではないかと無念の想いを禁じ得ない。

両勇士は住民の通報により到着した英軍パトロールに包囲された。英軍の降伏勧告を拒否し、艇長とおぼしき士官が最初にピストルを発射し、軍刀を抜いて斬りこんだ。英軍は最初のピストルの発射で2、3人が倒れた。よもや抵抗すると思っていなかったのであろう。英軍も反撃に出て、下士官ついで士官が銃弾を浴びて倒れた。結局英軍側は1名戦死、4名負傷。

戦死した甲標的搭乗員が携行していた書類に伊20潜艦長宛の書類があることから、秋枝・竹本ペアであると推定された。また現地住人の証言によれば士官は小柄で髭が濃いとの証言を得た。岩瀬艇長は小柄な人だったので、岩瀬・高田ペアであるという説も根強い。しかし当時岩瀬艇長を知る人によれば髭は濃くないという。やはり確定することは今日の資料では断定困難と考える。

特潜二勇士
終焉の地

◀マダガスカル島の特潜二勇士慰霊碑。昭和48年５月、マダガスカル駐在大使は証言に基づき現地調査を実施。昭和５１年７月、二勇士戦死の地と推定される場所に慰霊碑が建立された。碑文には「日本海軍特殊潜航艇二勇士一九四二年六月三日コノ地ニテ戦死ス」とある。

▲ディエゴスワレス湾攻撃後、陸路脱出を図った特潜の２勇士が英軍に包囲され、戦闘ののち戦死した地からはるか潜水艦との会合点を望む。

マダガスカル沖に眠る特潜

▲1989年12月の調査でディエゴスワレス湾外、ノシベ島沖200m、水深1.5mに沈んでいる甲標的が発見され、岩瀬艇と推定された。後部から前部を見た写真で、艇首は真東を向いて海底に沈没していた。判別しにくいがスクリューが手前に見え、後部艇体が認められ電池が散乱し、司令塔から前部は流失している。この後スクリューは別の目的で現地の人に引き揚げられ、特潜会が引き取り湾内を見下ろす丘に建立の「特潜四勇士慰霊碑」そばに展示された。

▲海底に眠る岩瀬艇を側方より見る。左にプロペラスクリューが、右にプロペラシャフトが見える。

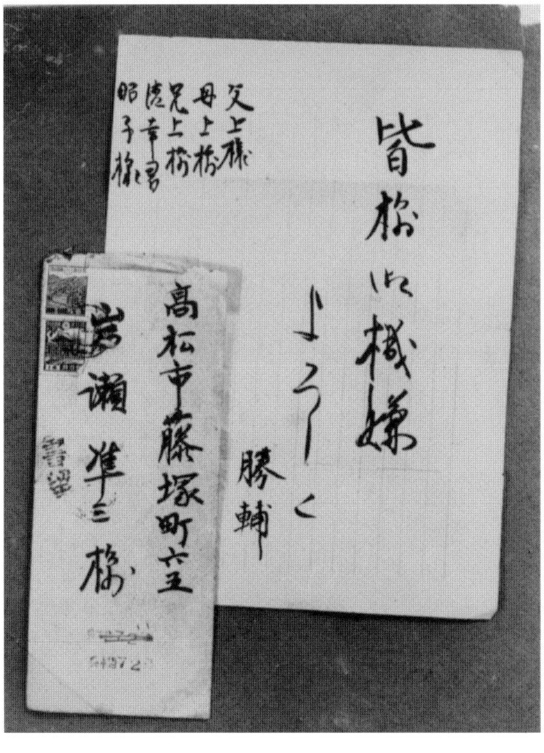

▲岩瀬中尉は木訥な性格だったためか、とりわけて印象に残るようなエピソードを残していない。ここに絶筆となった書簡を掲げ、その人柄を偲びたい。

▼ディエゴスワレス湾外から引き揚げられた甲標的の装備品で、魚雷の深度を調停する魚雷深度改調目盛板。目盛りが２～７までついているがこれはm（メートル）を表しており、発射する魚雷の深度をこの目盛りで調整する。すなわち７にあわせれば魚雷は海面から７m下（深度７m）を直進する。

第7章

シドニー攻撃隊

東方先遣支隊、南太平洋へ

昭和17年4月16日、東方先遣支隊は第6艦隊旗艦「香取」、「千代田」、第3潜水隊、伊21潜、伊22潜、伊24潜、第14潜水隊、伊27潜、伊28潜、伊29潜の順に瀬戸内海を出港。

24日トラック到着、第3潜水隊と第14潜水隊はポートモレスビー攻略作戦に向った。

さかのぼること2月1日に講習を開始した第4期講習員は、今回の第2次作戦のため2ヶ月で講習を打ち切られ、この時「千代田」に乗艦していた。インド洋に向った先遣支隊とシドニー攻撃に向かう東方支隊の攻撃時期を合致させるためにはトラックからの出撃を約2週間遅らせる必要があり、東方先遣支隊はこの間に停泊艦襲撃訓練、空中からの透視テストなどの他、第4期出身者の訓練を実施した。

東方先遣支隊の母潜水艦は甲標的搭載のためトラックに寄港したが、伊28潜は17日トラック南方海域で米潜「タウトグ」に撃沈された。伊28潜搭載予定の伴艇は母潜水艦を失い一時は出撃中止となったが、伊24潜に搭載されて出撃した八巻艇がそのわずか数時間後に水素ガス爆発事故を起こし、伴艇が代わりに搭載されて再度出撃と決まり、20日早朝に慌ただしく出撃した。5月19日夜の伴艇送別の宴は、御通夜のように沈み切ったものだったと伝えられる。

母潜水艦が3隻に減った東方先遣支隊は29日シドニー港外に集結、30日朝、伊21潜から発進した伊藤 進少尉機の偵察に基づき在泊艦艇と防御施設情報を入手し、31日の日没後中馬、伴、松尾艇の順に30分間隔で発進した。

▲ありし日の松本 静上等兵曹。シドニーに向う伊24潜は昭和17年5月18日に、浮上しての搭載甲標的(八巻艇)整備を実施した。ところが、甲標的に充電中、艇内にたまっていた水素ガスにスパークして突然2次電池が爆発。昇降ハッチの付近にいた艇付の松本上等兵曹は一瞬にして海中に吹き飛ばされ戦死し、艇長の八巻悌次中尉も火傷を負った。

米潜水艦 タウトグ

▲「タウトグ」は米潜水艦の代表的型式であるガトー級が大量に実戦配備されるまでの1944年頃まで活躍したタムボア級6隻の1艦である。タウトグは第2次世界大戦における米潜水艦の中でも最も戦果を挙げた潜水艦として有名で、伊28潜のほか軽巡「名取」や駆逐艦「磯波」、「白雲」などを撃沈し、その戦果は実に133,726トンに及ぶ。

事前偵察機発進

▼零式水偵の敵要地偵察では明け方暗い中で組立・発進し夜明け前には敵地に到達することが望ましいとされた。そのため、暗い中格納筒から零式小型水偵を出し、エンジンを発動。暖気運転には最低でも3分は必要なため、その間に主翼やフロートを取り付け、あわせて5分ないし6分で発艦する。シドニー事前偵察の伊21潜、伊藤機の組立も発進まで5分ないし6分で行なったという。写真はまさしく発艦した決定的な写真であるが、これは伊29潜がインド革命家、チャンドラボーズをドイツ潜水艦とランデブーして収容した際に、デモンストレーションで発艦したとされる写真である。

潜水艦搭載機による偵察

開戦直前に実用化した「零式小型水上偵察機」は、潜水艦の前甲板の格納庫に分解収納。急速浮上後5分以内に組立発進することができ、航続距離は85ノットで480浬、軽量優秀機である。搭乗員は2名で選抜された優秀なベテランが乗組んだ。シドニー事前偵察の場合、パイロットは乙種飛行予科練習生第1期の伊藤 進少尉で支那事変から実戦経験豊富で技量抜群だった。

5月31日0245、合成風向に向かったカタパルトからピッチングの山の瞬間にあわせ発艦に成功、高度500mでシドニーを目指した。やがて徐々に高度を上げるとシドニーの灯台が見えてきた。まもなくサウスヘッド砲台前を通過し、シドニー市街上空に達する。家には灯りがともっていた。シドニーのシンボルであるハーバーブリッジはよく見えたが軍艦の姿は見えない。コッカツー島にはドックがあり、駆逐艦らしい艦が入渠中で、島の西方には軽巡らしき艦が横づけされていた。ところが大きな艦が見当たらない。

困ったなぁと思ってぐるぐる飛んでいたらサーチライトで捕捉された。もっとも飛行機には日の丸も何もついておらず、700mのところに乱雲があったので逃げ込んだ。一番降りたのは50mくらいでその後、ガーデン島付近まで来た時、大型艦2隻が停泊しているのが見えた。先入観というか、事前情報で「オースパイト（ウォースパイト）」というイギリスの戦艦が逃げ込んだと聞かされていたが、伊藤は軍艦の形はほとんど主なものは覚えていたから、これは違うと偵察員の岩崎兵曹と話したそうである。そこで艦の幅が広いほうを戦艦、狭いほうを重巡と判断した。実際シドニーに在伯していたのは、米重巡「シカゴ」だった。

シドニー上空で3度照射されたが、ついに1発も撃たれることはなかった。偵察の目的を達することができたので潜水艦に帰還する。ノースヘッドから正確に航法を開始し帰途についたが、予定の到着時間になっても潜水艦を発見することができない。あとで聞くと潜水艦からは伊藤の飛行機が上を飛んで行くのが見えたそう。航法は正確だったのである。しかし当の伊藤機からは予定の会合地点より5分飛んでも見えない。岩崎兵曹に「走りすぎたのでもう1度シドニーに戻ってやり直すか」と相談、意を決し、探照灯照らせの暗号を送ってみた。するとすぐに母潜水艦は探照灯をつけてくれた。やっとの思いで、潜水艦を発見して高度を下げ、接近したら下は白波である。これは多分転覆すると判断した伊藤は、落下傘バンドも外して脱出しやすいようにしておけと岩崎兵曹に指示し降下、着水した。

案の定、着水時に波がしらに叩かれてがくっときたら水の中だった。準備をしていたのであわてることなく、座席をけって飛行機の下から浮かびあがろうとした。ところが泳いでも浮かない。伊藤は予科練時代に遠泳で鍛えているので泳ぎには自信があったのだが。もう駄目かと思った時、何かが体に当たった。潜水艦から投げられたロープだった。これで助かった。こうして潜水艦に無事助けられたが、何でライフジャケットを着ていて、泳ぎには自信があるのに浮かなかったのか考えた。よく見ると首には10倍の双眼鏡、右足のポケットに南部式の拳銃と弾8発。左足のポケットには予備弾倉が3つ入っていた。

偵察員の岩崎兵曹も無事救出され、ほっと胸をなでおろし、艦長に「大切な飛行機を壊してすいません」とあやまった。のちに2階級特進を果たす松村寛治艦長は一言「助かって良かった」と労をねぎらってくれた。九死に一生得た伊藤だったが、明日の甲標的の突入に際して、自分の確認した敵情が正確であることを祈った。

伊21潜飛行長 伊藤 進 少尉

▲シドニー事前偵察を実施した伊21潜飛行長 伊藤 進少尉は予科練1期(のちの乙種飛行予科練1期)の超ベテランパイロット。技量抜群で潜水艦からの飛行偵察はシドニーを含め5回成功させている。のちに戦闘機に転科。厚木302空の局地戦闘機「雷電」の第2分隊長として本土防空戦に参加し、「B29」を協同で5機半撃墜する。その後は312空へ転じロケット戦闘機「秋水」のテストパイロットとして終戦を迎えた。終戦時、海軍大尉。総飛行時間6,000時間、教官時代を含めると総飛行回数は1万回を越える。写真は昭和15年、岩国空の「九三式中間練習機」を背にした兵曹長時代。

米重巡シカゴ

▶米巡洋艦「シカゴ」はノーザンプトン級巡洋艦の4番艦で、1931年3月に竣工した。1940年に真珠湾に配備され様々な作戦任務に従事し、真珠湾攻撃時には洋上にいて難を逃れた。その後、豪州との連合部隊である第44任務部隊で活躍し、ニューギニア、ラエ・サラモアで活動した後、珊瑚海海戦に参加。海戦のあとシドニー湾に向い、湾内で特殊潜航艇の攻撃を受けるも損傷なく、その後はガ島上陸作戦へ参加。第1次ソロモン海戦で損傷するも沈没せず修理の後、レンネル島沖海戦に参加、日本機の攻撃を受けて沈没した。

出撃、中馬艇の戦い

5月31日、1721～1740に母潜水艦を発進した甲標的3隻の中で、中馬艇が真っ先に湾口に向った。中馬艇はフェリーの後をつけシドニー湾東口を目指したが、途中突然西口に向きを変え、防潜網に拘束されてしまった。監視員は2015に奇妙な物体がひっかかっているのを発見。ボートで調べたところ潜水艦または機雷と認め、ハリウッド艦隊の1隻「ヤーロマ」艇長に報告した。「ハリウッド艦隊」とはシドニー湾内の対潜防御として、レジャーボートを徴用し機銃、爆雷などを装備した特設哨戒艇7隻のことで、シドニーの人々から親しみを込めてそう呼ばれていたものである。

しかし「ヤーロマ」の艇長は積極的には動かず約1時間後に、僚艇「ロリータ」に近接を命じた。「ロリータ」はただちに行動を起こし、これを潜水艇と断定して爆雷3発を投下したが調停深度を誤り爆発しなかった。「ロリータ」が再度攻撃を準備中に、中馬艇は自爆装置に点火、轟音とともに高い水柱が上がり「ロリータ」は波で高く持ち上げられた。

松尾艇の戦い

松尾艇は伊22潜を発進したあと、2254シドニー港外でハリウッド艦隊の「ローリアナ」に発見され、探照灯で司令塔を照射された。「ローリア」は爆雷を装備していなかったので僚艇「ヤンドラ」が爆雷攻撃と体当たりを敢行した。しかし松尾艇に致命的な損傷を与えるには至らず、いったん海底に沈座して再突入の機会を狙った。

0300松尾艇が湾内に入った時、哨戒艇「ステディ・アワー」と「シーミスト」が出動した。「シーミスト」の艇長アンドレーは6週間の新入隊員教育を終えて10時間前に着任したばかり、しかも乗員9名中、5名は上陸中だった。「ステディ・アワー」のタウンレー艇長は敢然と出動を令し、さらに爆雷調停深度を15mにするように命じた。兵曹長は、そんなに浅い深度では投下後に回避する余裕がない、さらには自分たちの哨戒艇に危険が及ぶことを心配したが、しぶしぶ命令に従った。その後「ヤーロマ」も加わって対潜捜索を開始し、0500「シーミスト」は水面に飛び出した甲標的の司令塔を発見し、信号弾を上げて報告するとともに接近、急速潜航した甲標的に対して爆雷を投下した。兵曹長が心配した通り、爆雷衝撃波で艇は高く持ち上げられたあと水面に叩きつけられた。

松尾艇は一旦水面に姿を表したが、再び水中に没した。

伴艇、港湾侵入、攻撃

先行した中馬艇が防潜網西端部に拘束され2235自爆、伴艇はこの混乱の隙をついて東水道から進入した。この少し前、2227警報が発令されたが灯火管制は実施されずフェリーは灯火を煌々と輝かせて航行していた。港内水深は約12mで充分でなく、屈曲した水路で伴艇は終始艇体を水面上に暴

南太平洋要図

シドニー湾襲撃図

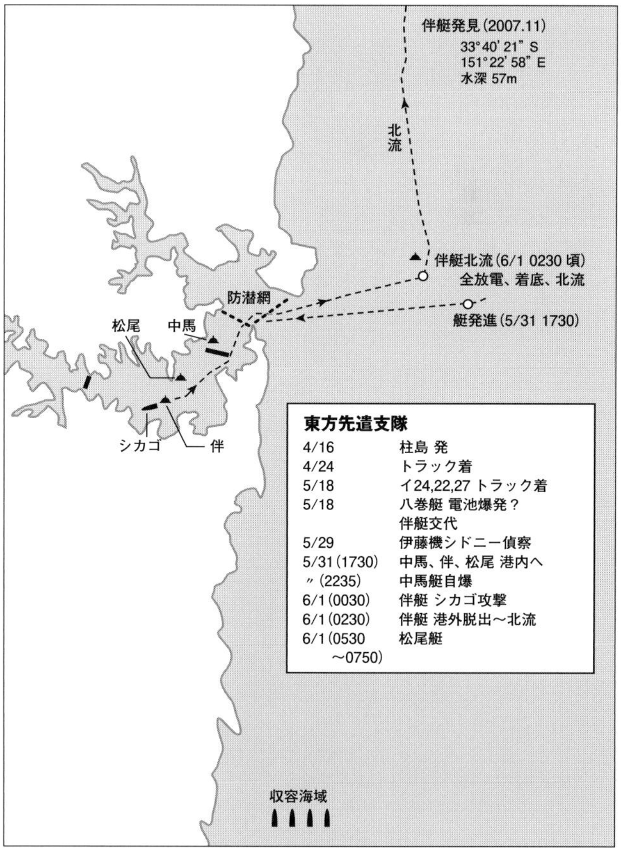

宿泊艦クタバル

▲「クタバル」は豪州海軍の宿泊艦。「クッタバル」という標記もある。シドニー湾で甲標的から発射した魚雷は「クタバル」の艦底を通過したあとにガーデンアイランドの岸壁に命中して爆発。その衝撃で「クタバル」は沈没し、豪州人19名、イギリス人乗員2名が戦死した。写真は着底した「クタバル」の上部と煙突部分。

露したまま航行、在泊艦艇、陸上砲台から猛射を浴びた。

ガーデンアイランド北端通航後、約1時間半にわたり伴艇は姿をくらました。1日0035重巡「シカゴ」に向け魚雷発射、必中と思われたが命中を失った、1本はガーデンアイランド岸壁に当たって爆発。その衝撃で係留中の宿泊艦「クタバル」が沈没し、21名が戦死、10名が負傷した。他の1本は不発、岸壁に乗り上げた。

命中を失した原因は

「発射直前、偶然にも灯火管制が下令されシカゴ後方のガーデンアイランド海軍工廠の灯火が消えたこと」

「『シカゴ』は停泊中であったのに風のため煙突からの煙が棚引き、伴艇が航行開始と誤断したこと」

「砲撃を受けて潜望鏡ガラスが破損し視界を失ったこと」

「距離が近すぎて魚雷の速力が規定値に達せず調停深度に着かぬ内に艦底を通過した」

などが取沙汰されているが「東西方向に振れ回った『シカゴ』の艦尾方向」から発射したため、目標幅が小だったという説が理解し易い。

伴艇は魚雷発射後完全に消息を断ち、豪州海軍は0158磁気探知機に外向きの記録ありと公表したものの、その実体を視認したものは誰もおらず、港外に出たあとの行動も全く形跡を止めていない。

伴艇が母潜水艦発進後、港外に出るまで少なくとも10時間は航走し、その間回避、接近、脱出などのため高速を使用したことは当然考えられ、電池残量はわずかだったことは間違いない。さらに艇内環境として気圧上昇、気温上昇、炭酸ガス増加などのため人間能力の低下は著しいものだったと推定される。

▲松尾艇は爆雷攻撃を受けた衝撃もあり、引き揚げ時に船体が曲がり折れてしまった。写真はクレーンによりちょうど引き揚げられた状態を写した貴重なものである。

特潜引き揚げと豪海軍葬

松尾艇の沈没を見届けた豪海軍は、ただちに引き揚げ作業を開始した。中馬艇は防潜網西端付近海底で発見された。自爆の痕が花びらを広げたように残り、発射管は分離、海底に沈んでいた。魚雷には異常が無かった。遺体は艇内に残っていたといわれる。

松尾艇は後部を海底に突っ込み引き揚げは困難を極めた。その困難な様子から「搭乗員は引き揚げに抵抗している」とも言われ、6日に至り艇首がクレーンで吊り上げられて海面にその姿が現れると、近くに居た人たちは無言で帽子をとり頭を垂れた。

シドニー海軍区司令官、グールド少将は搭乗員の勇気と愛国心は一国の専有物ではないとして自国の港に進入した敵国海軍軍人を海軍葬という最高の儀礼をもって弔った。

9日にロックウッド墓地で施行された葬儀はラジオ放送され、現在でも録音テープでその状況を察することができる。司令官の弔辞に続き、日の丸の旗で覆われた棺が火葬場に送り込まれると弔銃3発を発射、ラッパ手が葬送のラッパ譜を吹奏し儀式が終わる、簡素ではあるが感動的な7分間である。

6月7、8日には伊24潜、伊21潜がそれぞれシドニー、ニューカッスルを砲撃しており、一部市民がまだ逃げ惑っている最中にこのような葬儀を行なった豪州国民の懐の広さには驚かされる。

こうしてシドニー攻撃の特殊潜航艇3隻のうち2隻はすぐに引き揚げられ、搭乗員の身元も判明した。丁重な海軍葬を実施した豪海軍は、戦時下でありながらその遺骨を日本に送還した。

特潜の引き上げ

▶シドニー湾で引き揚げられた中馬艇。シドニー湾口で防潜網に拘束され自爆したため、艇体は花びらのように大きく開いてしまっている。

▼同じくシドニー湾で引き揚げられた松尾艇。幾度の爆雷攻撃や海底への接触のため、艇首の防潜網カッターが変形してしまい、魚雷が発射不能になっているのがわかる。松尾大尉と都竹2曹は自決を遂げた。

グールド少将

◀▼シドニー海軍区司令官、ムアーヘッド・グールド少将。シドニー湾で引き揚げられた第2次特別攻撃隊の2艇4名の甲標的搭乗員に対し、豪州国民の非難をよそに「この勇気は国境を越えて認められるべきである」と丁重な海軍葬をもって遇し、戦時交換船で遺骨を日本に返還した。

◀海軍葬当日の様子を伝える1葉。戦時中であり批判のある中で執り行われた海軍葬の様子は、音声による実況中継で日本にももたらされた。戦後の伴艇発見時の豪州政府、豪州海軍の特殊潜航艇への処遇は暖かいものがあり、勇士への敬意は日本政府よりも厚いのではと感じる。

日本側の葬送

▶昭和17年10月9日、豪国はシドニー特別攻撃隊の搭乗員4名の遺骨を戦時中にもかかわらず日本に返還することとし、日英交換船「鎌倉丸」での遺骨の帰国が実現した。写真は中馬、松尾両大尉、大森1曹、都竹2曹の遺骨を迎える海洋少年団員。

▼昭和18年3月31日、呉鎮守府合同葬のあと、呉鎮玄関前において撮影された第2次特別攻撃隊員遺族と呉鎮長官高橋伊望中将ほかの関係者たち。なお、背景の呉鎮庁舎は終戦直前の空襲でも大きな被害を受けず、今も健在で、海上自衛隊呉地方総監部が使用している。

シドニー攻撃隊残照

◀松尾艇、中馬艇は酒巻艇の場合と同じく豪国で戦時募金を集めることに使われ、1943年4月に首都キャンベラのオーストラリア戦争記念館に収められた。写真は屋外に展示されて間もない頃のもので、1980年代に館内展示に移行され、今も訪れる人に特潜勇士の偉業を伝えている。（写真提供：大和ミュージアム）

松尾大尉遺影

◀シドニー攻撃直前の松尾大尉(写真右)。左は伊22潜の藤沢宗明掌水雷長。

伴艇発見

シドニー攻撃の特殊潜航艇3隻のうち、残る1艇となる伴艇は、昭和17年6月1日0030米重巡「シカゴ」に魚雷2本を発射したのち消息を絶った。

豪国では伴艇の勇敢な行為を称賛し、その発見の一日も早からんことを願い、毎年のように5月末が近付くと「伴艇発見」の報が流れた。

2007年11月、シドニー沖で週末を楽しんでいたレジャーボートが異様な反響音を受信。報告を受けた豪政府は精密調査の結果、伴艇確実と判定、所用の資料とともに日本政府に通知した。豪海軍参謀長は海上幕僚長に「揃って豪軍艦で伴艇を訪問、献花をしよう」と申し出、海上幕僚長もこれに応じ、さらに豪国は両国共同の慰霊祭を提案、2008年8月の海上自衛隊練習艦隊シドニー訪問時に慰霊祭は実現した。

前述の通り、1日0158に湾口外側のLoop12に残された記録が伴艇のものと推定されている。特に高速離脱を試みた形跡はなく、伴艇は電池消費を極力抑えようとしたと認められ、伴中尉は生還を目指して行動したと推察される。しかし港口を出た所で電池全放電、搭乗員も意識を失い海底に沈み、北への海流に流されてシドニー湾口の北10浬の現在位置に到達したと推定される。

発見された艇体には機銃弾の痕跡があり、海底の岩石と接触した艇体は破損が甚だしく引揚は容易でない。豪国は伴艇の周辺をソーナーネットで囲み、一般船舶などの接近を禁止する処置を取っている。

巻末資料

- 特殊潜航艇搭乗員戦没者
- 甲標的講習員期別一覧
- 甲標的と特殊潜航艇　認識の見直し
- 甲標的関連年表

特殊潜航艇搭乗員戦没者

ここに第１次、第２次特別攻撃隊で未帰還・戦死となった隊員とその前後に殉職した甲標的搭乗員たちの遺影を謹んで掲載する。
掲載の順序は艇長とその艇付の順で、階級は没後進級を経たもの。すなわち第１次、第２次隊で未帰還となった隊員は２階級特進したもの、殉職と進出途上の戦死者は１階級進級したものとなっている。
各ページ左側のデータは戦死（認定）月日、作戦種別、戦没の種類、戦没場所である。

昭和16年12月8日
第１次特別攻撃隊
未帰還
真珠湾

岩佐直治　中佐　海兵65

佐々木直吉　特務少尉　呉志

古野繁実　少佐　海兵67

横山薫範　特務少尉　呉志

横山正治　少佐　海兵67

上田 定　兵曹長　呉志

広尾 彰　大尉　海兵68

片山義雄　兵曹長　呉志

稲垣 清　兵曹長　呉志

昭和17年3月5日
狭水道訓練
殉職
安芸灘
※発見収容時を
戦没日とした。

神田 晃　大尉
海兵67

三扶尚三　中尉
海兵69

大石鷹次　兵曹長
呉

昭和17年5月18日
第2次特別攻撃隊
出撃直後戦死
トラック島港外
（伊24潜乗組中）

松本 静　兵曹長
呉

昭和17年5月31日
第2次特別攻撃隊
未帰還
ディエゴスワレス

秋枝三郎　中佐
海兵66

竹本正巳　少尉
呉志

岩瀬勝輔　大尉
海兵69

高田高三　兵曹長

昭和17年5月31日
第2次特別攻撃隊
未帰還
シドニー

中馬兼四　中佐
海兵66

大森 猛　少尉
呉志

松尾敬宇　中佐
海兵67

都竹正雄　兵曹長
呉志

伴 勝久　少佐
海兵68

芦辺 守　少尉
呉志

戦没搭乗員一覧

氏名	階級	配置	講習期別	出身期別	戦没地	没年月日
岩佐直治	中佐	艇長	第１期	海兵65	真珠湾	昭和16年12月　8日
佐々木直吉	特務少尉	水雷	第１期	呉志	真珠湾	昭和16年12月　8日
古野繁実	少佐	艇長	第２期	海兵67	真珠湾	昭和16年12月　8日
横山薫範	特務少尉	水雷	第１期	呉志	真珠湾	昭和16年12月　8日
横山正治	少佐	艇長	第２期	海兵67	真珠湾	昭和16年12月　8日
上田 定	兵曹長	水雷	第１期	呉志	真珠湾	昭和16年12月　8日
広尾 彰	大尉	艇長	第２期	海兵68	真珠湾	昭和16年12月　8日
片山義雄	兵曹長	水雷	第１期	呉志	真珠湾	昭和16年12月　8日
稲垣 清	兵曹長	水雷	第１期	呉志	真珠湾	昭和16年12月　8日
神田 晃	大尉	艇長	第２期	海兵67	安芸灘	昭和17年　3月　5日
三扶尚三	中尉	艇長	第３期	海兵69	安芸灘	昭和17年　3月　5日
大石鷹次	兵曹長	水雷		呉	安芸灘	昭和17年　3月　5日
松本 静	兵曹長	水雷	第２期	呉	トラック島港外	昭和17年　5月18日
秋枝三郎	中佐	艇長	第１期	海兵66	ディエゴスワレス	昭和17年　5月31日
竹本正巳	少尉	水雷	第２期	呉志	ディエゴスワレス	昭和17年　5月31日
岩瀬勝輔	大尉	艇長	第３期	海兵69	ディエゴスワレス	昭和17年　5月31日
高田高三	兵曹長	水雷	第２期		ディエゴスワレス	昭和17年　5月31日
中馬兼四	中佐	艇長	第２期	海兵66	シドニー	昭和17年　5月31日
大森 猛	少尉	水雷	第２期	呉志	シドニー	昭和17年　5月31日
松尾敬宇	中佐	艇長	第２期	海兵67	シドニー	昭和17年　5月31日
都竹正雄	兵曹長	水雷	第２期	呉志	シドニー	昭和17年　5月31日
伴 勝久	少佐	艇長	第２期	海兵68	シドニー	昭和17年　5月31日
芦辺 守	少尉	水雷	第１期	呉志	シドニー	昭和17年　5月31日

特殊潜航艇慰霊碑

▲広島県倉橋島音戸町波多見八幡神社に特殊潜航艇慰霊碑が建っている。碑銘「嗚呼特殊潜航艇」の揮毫は開戦時の第６艦隊司令長官 清水光美中将のもの。昭和４５年８月２２日に序幕式を行ない、同じ時期に英霊の勇魂を迎募し之を後世に伝えようとする有志の会「特潜会」が組織された。以来四半世紀、特潜会は毎年５月に慰霊碑前で顕彰祭を挙行し、戦没者の慰霊、業績の調査、会員相互の親睦と共に戦没者の偉業を後世に伝えてきたが、高齢化による会員の負担は避けることはできず、平成１０年３月末日をもって解散した。その後さらに１０年以上の年月を経て元特潜会会員が減じる中、顕彰祭は引き続き毎年５月に執り行なわれ現在に至っている。

除幕式

▶昭和45年8月22日、特殊潜航艇慰霊祭で祭文奉上を読み上げる特潜碑建立委員会委員長、八巻悌次氏。八巻氏は「千代田」搭載予定12基の甲標的艇長のうち、酒巻和男氏とただ2人の生存者で、酒巻氏は仕事の都合で外国に赴任する直前であったため八巻氏が委員長を務めた。前日までの台風の影響もあり、慰霊祭は呉地方総監内桜松館で執り行なわれた。

▶特潜慰霊碑が建つ波多見八幡山神社は、甲標的の基地だったP基地がまだ100人位の小部隊だった頃、隊員が参拝した馴染みのある神社で、他の場所への建立意見もあったが長きに渡る碑の管理のためにも神社が最適とされて建立が決まった。こちらは除幕式当日の模様で、神社の階段下に関係者が鈴なりになっている。

◀除幕式の当日は、ディエゴスワレスに突入した秋枝艇の艇付、竹本正巳特務少尉の令嬢が母親となられ竹本少尉の孫にあたるお嬢さんと除幕の紐を引かれた。特潜碑には除幕式までにに376柱、調査が進みのちに52柱の英霊を加え、現在は428柱の英霊が名簿に納められている。

◀除幕式の直後に撮影された神主ほか参列者一同で、当日は遺族約90名、来賓53名、元隊員及び関係者250名が参集した。画面左奥に慰霊碑が見えている。

甲標的講習員期別一覧

甲標的講習員は第1期から第20期まで実施されたが、ここでは特殊潜航艇に関連の深い第1期から第8期までを掲げる。

なお、各期には艇付きや整備員となる下士官講習員がいたが、不明な点も多く、全てについてを網羅することができないのが残念である。

期　別	講習員発令日	氏名・階級	出　身	消　息	戦歴・戦没状況
第1期講習員	昭和15年11月15日発令	岩佐直治 中尉	海兵65	16.12.08 戦死	第1次攻撃隊ハワイ
		秋枝三郎 少尉	海兵65	17.05.31 戦死	第2次攻撃隊ディエゴスワレス
第2期講習員	昭和16年4月15日発令	中馬兼四 中尉	海兵66	17.05.31 戦死	第2次攻撃隊シドニー
		松尾敬宇 中尉	海兵66	17.05.31 戦死	第2次攻撃隊シドニー
		横山正治 少尉	海兵67	16.12.08 戦死	第1次攻撃隊ハワイ
		古野繁実 少尉	海兵67	16.12.08 戦死	第1次攻撃隊ハワイ
		神田 晃 少尉	海兵67	17.03.05 殉職	安芸灘
		乙坂昇一 少尉	海兵67	19.12.06 戦死	伊38潜（西カロリン沖）
		広尾 彰 少尉	海兵68	16.12.08 戦死	第1次攻撃隊ハワイ
		八巻悌次 少尉	海兵68	終戦時生存	千代田 — 第2特別攻撃隊 — 潜校 — 大浦突
		酒巻和男 少尉	海兵68	終戦時生存	鹿島 — 阿武隈 — 千代田 — 第1次特別攻撃隊
		伴 勝久 少尉	海兵68	17.05.31 戦死	第2次攻撃隊シドニー
第3期講習員	昭和16年10月発令	国弘信治 少尉	海兵68	終戦時生存	伊54潜 — 千代田 — 日進 — ガ島 — P基地 — キスカ — 大浦突
		門 義視 少尉	海兵68	終戦時生存	千代田 — 潜校 — P基地 — 31突
		磯辺秀雄 少尉	海兵68	終戦時生存	千代田 — ガ島 — 1特基 — 小豆島突
		太田政治 少尉	海兵68	19.08.02 戦死	伊52潜（大西洋）
		三扶尚三 少尉	海兵69	17.03.05 殉職	安芸灘
		岩瀬勝輔 少尉	海兵69	17.05.31 戦死	第2次攻撃隊ディエゴスワレス
		西田士郎 少尉	海兵69	終戦時生存	
		迎 泰明 少尉	海兵69	17.11.23 戦死	ガ島
		外 弘志 少尉	海兵69	17.11.28 戦死	ガ島
		辻 富雄 少尉	海兵69	17.11.28 戦死	ガ島
		三好芳明 少尉	海兵69	終戦時生存	鈴谷 — 千代田 — 潜校 — 伊37潜 — 伊36潜 — 小豆島突
第4期講習員	昭和17年1月発令	篠倉 治 少尉	海兵69	終戦時生存	北上 — 千代田 — 日進 — 父島 — 1特基 — 横突
		田中千秋 少尉	海兵69	終戦時生存	ガ島
		石野自彊 少尉	海兵69	終戦時生存	利根 — 千代田 — 日進 — 呂42潜 — 潜校 — 1特基 — 大浦突
		宇野 馨 少尉	海兵69	終戦時生存	阿武隈 — 千代田 — 日進 — キスカ — 伊169潜 — 舞潜基
		渡辺信一 少尉	海兵69	20.03.12 戦死	伊371潜（内南洋）
		鈴木徳次郎 少尉	海兵69	19.04.08 戦死	伊43潜（トラック島北方）
		黒見 清			
		勝部建造	呉志	終戦時生存	生還
		松本 基 少尉			
第5期講習員	昭和17年発令	島 良光 少尉	海兵70	20.08.09 戦死	セブ陸戦
		小島光造 少尉	海兵70	終戦時生存	千代田 — 1特基 — 32特根
		大友広四 少尉	海兵70	終戦時生存	千代田 — ハルマヘラ
		鶴田 伝 少尉	海兵70	20.06.07 戦死	沖縄陸戦
		真島四郎 少尉	海兵70	終戦時生存	鈴谷 — 千代田 — ガ島 — 1特基 — 21突
		里 正義 少尉	海兵70	19.07.08 戦死	サイパン陸戦
		名倉 司 少尉	海兵70	終戦時生存	由良 — 大和 — 日向 — 千代田 — 1特基 — 8潜基

期　別	講習員発令日	氏名・階級	出　身	消　息	戦歴・戦没状況
第５期講習員		西 等 少尉	海兵 70	終戦時生存	千代田 — Ｐ基地 — ８潜基
		佐藤栄一 少尉	海兵 70	17.10.25 殉職	猫瀬戸
		増田克己 少尉	海兵 70	18.7.22 戦死	日進沈没
		黒木博司 少尉	海機 51	19.09.07 殉職	回天（徳山湾）
		藤村魁一	佐志	終戦時生存	水雷校 — 千代田 — １特基 — 長崎 — 21 突
		佐藤隆秋 兵曹長	横志	終戦時生存	千代田 — １特基 — 沖縄蛟龍隊
		塩谷小五郎	呉志	終戦時生存	水雷校 — 伊 69 潜 — 伊 57 潜 — 千代田 — ８潜基
		山崎十三雄		20.05.04 戦死	ダバオ港外
		鹿野 明 兵曹長		19.05.29 戦死	サイパン北方「蓬莱丸」沈没
		松田幸四郎		19.10.11 戦病死	基隆
第６期講習員	昭和 18 年 10 月発令	仁科関夫 少尉	海兵 71	19.11.20 戦死	回天
		井熊隆平 少尉	海兵 71	17.11.28 戦死	ガ島
		川島 巌 少尉	海兵 71	20.04.13 戦死	沖縄陸戦
		中島典次 少尉	海兵 71	終戦時生存	潜校 — Ｐ基地 — １特基 — 大浦突 — 31 突
		阿部六郎 少尉	海兵 71		
		大河信義 少尉	海兵 71	20.03.25 戦死	沖縄近海
		深佐安三 少尉	海兵 71	19.07.08 戦死	サイパン陸戦
		後藤恭祐 少尉	海兵 71	19.07.08 戦死	サイパン陸戦
第７期講習員	昭和 18 年 12 月 28 日発令	湯浅 明 少尉	海兵 71	終戦時生存	
		久良知滋 少尉	海兵 71	終戦時生存	潜校 — 伊８潜 — Ｐ基地 — １特基 — 11 突
		上原通男 少尉	海兵 71	終戦時生存	Ｐ基地 — 大浦突
		前田冬樹 少尉	海兵 71	終戦時生存	１特基 — 大浦突 — 11 突
		仁平輝雄 少尉	海兵 71	終戦時生存	潜校 — 呂 42 潜 — １特基 — 父島 — 大浦突
		是枝良英 少尉	海兵 71	終戦時生存	潜校 — １特基 — 大浦突
		照屋盛通 少尉	海兵 71	終戦時生存	Ｐ基地 — １特基 — ダバオ
		渡辺義幸 少尉	海兵 71	20.6.13 戦死	沖縄陸戦
		市川 博 少尉	海機 52	終戦時生存	セブ甲標的隊
		中村安三			
		渋田清			
		中村三郎			
		松村万作			
		河本孟七郎		20.04.13 戦死	沖縄陸戦
第８期講習員	昭和 19 年３月発令	三笠清治 少尉	海兵 72	終戦時生存	伊勢 — 夕張 — Ｐ基地 — １特基 — 沖縄２蛟龍隊 — 大浦突
		笹川 勉 少尉	海兵 72	終戦時生存	八雲 — 夕張 — Ｐ基地 — １特基 — セブ甲標的隊
		水野相正 兵曹長		20.01.05 戦死	セブ甲標的 82 号艇
		柏木公弥 兵曹長	佐志	終戦時生存	Ｐ基地 — １特基 — セブ甲標的隊
		松田作一 兵曹長	呉志	終戦時生存	Ｐ基地 — セブ甲標的隊
		柳生虎彦 兵曹長			
		橋本亮一 兵曹長	呉志	終戦時生存	千代田 — Ｐ基地 — 大浦突 — 奄美大島防備隊
		丸山五郎 兵曹長	横志	終戦時生存	時雨 — 大潮 — 横潜基 — 千代田 — Ｐ基地 — セブ甲標的隊
		前重訓三 兵曹長		20.08.25 戦死	セブ陸戦

甲標的と特殊潜航艇 認識の見直し

最後に甲標的と特殊潜航艇について、現在一般的に認識されていることと本書で紹介した実際についての差異を掲示し、今一度整理しておきたい。

1.甲標的は洋上決戦兵器であり、港湾侵入を目的として開発されたものではない。

昭和6年に艦政本部第1部第2課長の岸本鹿子治大佐により発起され、昭和7年に設計に着手された甲標的は、ワシントン、ロンドン軍縮会議において対米英に対して戦艦など主力艦の保有を6割の比率に制限された日本海軍が、太平洋で米艦隊を迎え撃つに際し、決戦を前にして少しでも敵主力艦の減勢を図るという漸減作戦構想に立脚して開発されたものであった。

その基本は「魚雷を運ぶことのできる母魚雷」であり、洋上で「千代田」などの甲標的母艦から発進し、敵艦隊に肉迫攻撃ののち母艦へ収容される、潜水可能な小型水雷艇という説明の方がよりわかりやすいのかもしれない。

そのため小回りは利かず、当初は後進もできなかった。狭い水道を行き着いた先の敵港湾内でもし回頭することができなければ即未帰還である。また狭い艇内での生存性も充分ではないので、長時間かけて警戒厳重な敵の軍港や泊地などへ侵入するような任務には全く不向きな兵器であったといえよう。

2.甲標的は潜水艦から発進する兵器ではない。

甲標的/特殊潜航艇と聞くと、伊号潜水艦に搭載されて参加した真珠湾攻撃やディエゴスワレス攻撃、シドニー攻撃を思い浮かべる方が大半だと思うが、甲標的は上記したように甲標的母艦で行き届いた整備を充分にされたのち出撃するものであり、潜水艦の背中で何日も海水に浸かり、風雨にさらされて使用されるものではない。

真珠湾攻撃の第1次攻撃隊は、後部の電池を1/4陸揚げして気畜器を増載、頭部に防潜網突破用網切り、魚雷発射管前に8の字カッター、プロペラガード、セイルと艇首間に保護索を設けた。また搭載中の母潜水艦との連絡用の電話装置を装備し、自爆装置も設置した。

しかし潜水艦と艇との交通筒はなく、潜航中の整備ができなかったばかりか、乗員が乗り移る際にいちいち浮上し、一度乗り込んだあとは発進地点まで母潜が潜航して近づくため、ただでさえ狭くて劣悪な艇内環境を悪化させたのち出撃せねばならないという結果となった。さらに荒天で艇が流されることを懸念して急遽追加した繋止バンドが充分に離脱しないなど、さまざまな初期不良を抱えての作戦参加であった。

第2次攻撃隊仕様では、母潜水艦との間に水密交通筒を設置。縦舵動力を油圧にし、水中聴音機を増備。発射管前に水密のキャップを付し、発射の前に艇内操作で離脱するようにして、通風装置、ジャイロコンパスを改良したが充分とはいえなかった。

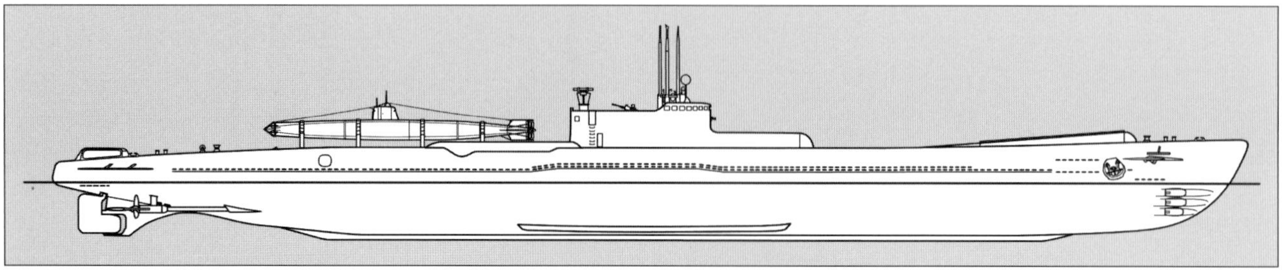

▲第2次攻撃隊では乙型潜水艦も特殊潜航艇を搭載した。図は伊27潜を表す。(作図：胃袋豊彦)

3.「特殊潜航艇＝甲標的」だが、「甲標的＝特殊潜航艇」ではない。

真珠湾攻撃の第1次特別攻撃隊、ディエゴスワレス攻撃、シドニー攻撃の第2次特別攻撃隊の使用した特殊潜航艇は甲標的甲型である（ただし、甲型とは乙型以降ができてからの分類なので注意しなければならない）。

当初の建造は呉海軍工廠魚雷実験部で行なわれて約30隻が完成し、昭和17年からは大浦崎分工場で建造が開始され、約20隻が建造された。

本書のタイトルでもある「特殊潜航艇」とは、第1次攻撃隊、第2次攻撃隊に使用された甲標的のことである。

特殊潜航艇という名称は、ハワイ作戦における彼ら特別攻撃隊（これも第2次攻撃隊が生起したため、あとから第1次）の偉業を伝えるために海軍省から報道機関に指示された呼称で、第2次攻撃隊ついても1次隊と同じ処遇にすべしということで、再度使用された。

甲標的はこれらの作戦ののちガダルカナルのルンガ泊地攻撃に使用され、その後しばらく実戦の機会は訪れなかったが、昭和19年11月以降、フィリピンのダバオに所在する第33特別根拠地隊が、基地を発進して洋上で敵船団を攻撃したのち帰投するという反復攻撃を実施する

このガ島以降では「特殊潜航艇」や「特別攻撃隊」という名称は使われておらず、すなわち甲標的全てが特殊潜航艇と称されるものではないのである。

なお、フィリピンで戦ったこの33特根の司令官こそ、甲標的母艦「千代田」の艦長として岩佐大尉らの講習員たちと長らくその熟成に携わった「甲標的育ての親」原田 覚少将であった。

そして丁型「蛟龍」に発展した甲標的は沖縄決戦の初頭で再び米艦隊への洋上反復攻撃を展開するのである。

◀2度にわたる港湾侵入作戦に投入された甲標的はガダルカナル作戦に参加、目に見えた戦果を挙げ、初めての生還者を生み出した。やがて島嶼や要地の防衛兵器として熟成されていく。

甲型

▶キスカ島で放棄され、上陸してきた米軍により調査を受ける甲標的(のちの甲型)。撤退にあたって我が方の手により爆破処分されたため、随所が破損している。北方の島嶼防衛のため配備されたこれらには艇首のガードや同じく艇首やセイル前面に装備された防潜網カッターなどがなく非常にすっきりとした印象を受けるが、これが甲標的本来の姿であったといえよう。

丙型

▶グァム島の米軍基地内に展示される甲標的丙型。甲型と丙型は全長が1m違う以外は一見して判別が困難だが、写真のように艇首後方2.5m付近に曳航用のフックがついたものが丙型である。これは艦船に曳航されて戦線へ進出するためのもので、実際に昭和18年以降、ラバウルやニューギニア、マリアナなどへ商船に曳航されて進出している。なお、セイルには「51」と書かれているが、本艇は丙型なので51号艇ではない。

▶終戦後、沖縄の運天港で引き揚げられる甲標的丙型。太いワイヤーを艇体に巻き、上部で結束して吊り下げているが、艇首は曳航用フックをうまくワイヤー掛けに使っている様子がわかる。充電器を積み航続力が増えたとはいえ丙型による沖縄までの航行はいささか荷が重いといえ、昭和19年8月以降に同所へ配備された各艇は曳航あるいは輸送艦積載により進出している。なお、同様に配備された丁型「蛟龍」は自力で進出することができた。

丁型

◀終戦後、進駐してきた米軍により撮影された甲標的丁型「蛟龍」で、丙型までと比べ格段に洗練された観がある。「魚雷を運搬する母魚雷」は大きく発展して本型にいたり初めて小型潜水艇として実用的なものとなったといえよう。類別上これまでの「兵器」としての扱いから「艦艇」とされたのも本型からである。艇首からセイル後方にかけてのふくらみはメインタンクの整流覆いで、セイル上部にはアクリル製の風防も設けられた。

◀こちらは終戦後、呉のドックに集められた甲標的丁型「蛟龍」の未完成艇体の一群。大戦末期、「回天」や「海龍」など多くの必死特攻小型潜水兵器が開発、製造される中、近海に出現する敵艦隊への反復攻撃を実施するため大量に建造されたのが本艇であったが、特眼鏡をはじめとする各種装備品の製造が間に合わなかった。2列目右端(1段高くなっている)の2艇は丙型を改造した訓練艇で、同列左端にも丙型とおもわれる2艇が見えている。

甲標的関係戦没者数と喪失艇数

	出撃未帰還	事故	回航中	海没	陸戦	触雷	処分
真珠湾	5艇9名						
ディエゴスワレス	2艇4名						1艇
シドニー	3艇6名	1艇1名					
ガタルカナル	8艇6名				3名		
キスカ							6艇
南太平洋			9艇26名	22名			
比島・台湾	2艇6名			7名	46名		12艇
沖縄	2艇10名			46名	66名		9艇
日本本土西部		1艇53名				2艇16名	
日本本土東部	1艇3名	1艇28名					
総計	23艇44名	3艇82名	9艇26名	75名	115名	2艇16名	28艇

海没：甲標的関係者で他艦艇に転出又は便乗中に戦死したもの。

甲標的 艇番号の検証

欧米海軍では艦艇、航空機、武器などを捕獲した場合、製造番号、番号の付与期日を調査し、記録することが慣例となっていた。現有保有数から製造能力に至るまで、敵の戦力データが入手できる貴重な内容だからである。

しかし日本海軍ではこのような習慣はなく、海軍関係者は番号に余り関心を持たなかった。とくに、甲標的の場合、甲型から丙型までは消耗品である「兵器」として扱われ、製造番号が記録されただけだった。丁型「蛟龍」が開発され艦艇として扱われるようになり、「艇番号」が付与された。造船所長は引渡し書とともに「命名書」を艤装員長、艇長に付与し、「蛟龍」は帝国海軍艦艇に列することとなった。

甲標的の番号の検証に際しては、丙型までの「製造番号」と、丁型における「艦名」との意味を認識することが必要だ。

丙型までは水雷部所管の兵器として、二重反転プロペラを始め、手作り的手法で建造が行なわれていたが、丁型は造船部所管となり、ブロック建造による大量生産が計画され、昭和19年9月から、大浦崎工場、呉海軍工廠、麗女島工場のほか、三井玉野造船所で建造が開始された。さらに横須賀、舞鶴海軍工廠、長崎三菱、神戸三菱造船所で「流れ作業方式」の建造整備が進められ、昭和20年秋まで600隻の建造が計画された。

丁型の「蛟龍」という名前の制定は昭和20年5月であるが、すでに昭和19年末頃から「蛟龍」と呼ばれていた。番号は建造造船所ごとの基準番号により付与された。

なお、丁型「蛟龍」の艇番号については別の機会にご紹介ができることと思う。

甲型

1号艇	昭和14年7月製造訓令	魚雷実験部試作艇　15年4月完成　第2次搭乗実験　廃棄
2号艇	昭和14年7月製造訓令	魚雷実験部試作艇　15年6月完成　第2次搭乗実験　廃棄
3号艇	昭和15年10月製造訓令	
4号艇	昭和15年10月製造訓令	20年7月10日　魚住修三少尉艇　事故沈没
5号艇	昭和15年10月製造訓令	訓練艇に改造
6号艇	昭和15年10月製造訓令	
7号艇	昭和15年10月製造訓令	訓練艇に改造
8号艇	昭和15年10月製造訓令	ガ島　田中千秋中尉（海兵69）艇　米軍接収ボストン展示
9号艇	昭和15年10月製造訓令	訓練艇に改造（推測）
10号艇	昭和15年10月製造訓令	ガ島　外 弘少尉（海兵69）艇、米軍により撃破沈没
11号艇	昭和15年10月製造訓令	ガ島　国弘信治中尉（海兵68）艇　生還第1号　米軍接収調査後廃棄
12号艇	昭和15年10月製造訓令	
13号艇	昭和15年12月製造訓令	17年3月4日　神田　晃（海兵67）中尉艇　事故沈没
14号艇	昭和15年12月製造訓令	シドニー　中馬兼四大尉（海兵66）艇　豪軍接収　戦争記念館展示
15号艇	昭和15年12月製造訓令	ハワイ　岩佐直治大尉（海兵65）艇　ハワイ　基地基礎穴埋め
16号艇	昭和15年12月製造訓令	ハワイ　横山正治中尉（海兵67）艇　2009年ハワイ大学発見
17号艇	昭和15年12月製造訓令	ハワイ　古野繁美中尉（海兵67）艇　2000年ハワイ大学発見
18号艇	昭和15年12月製造訓令	ハワイ　広尾 彰少尉（海兵68）艇　1960年米軍発見引揚、日本に返還　江田島展示
19号艇	昭和15年12月製造訓令	ハワイ　酒巻和男少尉（海兵69）艇　座礁艇長捕虜　艇付戦死　テキサス展示
20号艇	昭和15年12月製造訓令	
21号艇	昭和15年12月製造訓令	シドニー　松尾敬宇大尉（海兵66）艇　湾内で沈没　豪軍接収　戦争記念館展示
22号艇	昭和15年12月製造訓令	ガ島　門　義視中尉（海兵68）艇　攻撃後放棄　生還
23号艇	昭和15年12月製造訓令	
24号艇	昭和15年12月製造訓令	
25号艇	昭和15年12月製造訓令	
26号艇	昭和15年12月製造訓令	
27号艇	昭和15年12月製造訓令	
28号艇	昭和15年12月製造訓令	17年7月キスカ進出、18年7月撤退時放棄
29号艇	昭和15年12月製造訓令	17年7月キスカ進出、18年7月撤退時放棄
30号艇	昭和15年12月製造訓令	ガ島　八巻悌次中尉（海兵68）艇
31号艇	昭和15年12月製造訓令	17年7月キスカ進出、18年7月撤退時放棄
32号艇	昭和15年12月製造訓令	17年7月キスカ進出、18年7月撤退時放棄
33号艇		17年7月キスカ進出、18年7月撤退時放棄
34号艇		17年7月キスカ進出、18年7月撤退時放棄
35号艇		
36号艇		

37号艇		ガ島　三好芳朗中尉（海兵69）艇　艇故障放棄　生還
38号艇		ガ島　辻　富雄中尉（海兵69）艇
39号艇 〜 52号艇		不詳

乙型

53号艇	乙型試作	18年8月搭乗実験終了　18年12月名倉 司中尉（海兵70）艇　ラバウル進出

丙型

54号艇	昭和18年9月量産開始	
55号艇		
56号艇		
57号艇		
58号艇		
59号艇		
60号艇		沖縄隊　川島 巌大尉（海兵71）艇
61号艇		
62号艇		父島配備　20年5月1日解隊
63号艇		
64号艇		沖縄隊　佐藤隆秋兵曹長　20年3月27日出撃、4月5日帰投、4月6日自沈
65号艇		父島配備　20年5月1日解隊
66号艇		父島配備　20年5月1日解隊
67号艇		沖縄隊　河本猛七郎艇　20年3月26日出撃、4月5日帰投、4月6日自沈
68号艇		ダバオ隊　照屋盛通少尉（海兵71）艇　終戦時引渡し
69号艇		沖縄隊　鶴田 伝大尉（海兵70）艇　19年10月10日　空襲沈没
70号艇		
71号艇		父島配備　20年5月1日解隊
72号艇		
73号艇		父島配備　20年5月1日解隊
74号艇		
75号艇		父島配備　20年5月1日解隊
76号艇		セブ　渋田 清中尉艇　19年12月曳航進出、19年12月18日、20年1月25日出撃帰投、3月25日自沈
77号艇		
78号艇		ザンボアンガ→セブ　丸山五郎兵曹長艇　19年9月進出、20年1月島隊合流、3月17日出撃、3月25日自沈
79号艇		ザンボアンガ→セブ　市川 博少尉（海機52）艇　19年9月進出、20年1月島隊合流、3月17日出撃、3月25日自沈
80号艇		
81号艇		セブ　笹川 勉大尉（海兵72）艇　19年10月輸送艦で進出、出撃攻撃3回帰投、20年3月25日自沈
82号艇		セブ　水野相正兵曹長艇　19年10月輸送艦で進出、20年1月5日攻撃戦死
83号艇		
84号艇		セブ　松田作一兵曹長艇　19年10月輸送艦で進出、出撃3回、20年2月21日大型駆逐艦撃沈
85号艇		大浦　古賀英也艇
86号艇		高雄　平井興治大尉艇　20年1月15日　高雄港外輸送艦沈没戦死
87号艇		大浦　相田二郎中尉艇
88号艇		
89号艇		高雄　後藤 修大尉艇
90号艇		沖縄　唐司定尚大尉艇　20年3月25日戦死
91号艇		横須賀　石林文吉中尉艇
92号艇		
93号艇		
94号艇		
95号艇		
96号艇		
97号艇		
98号艇		
99号艇		
100号艇		
101号艇		大浦　三原季経艇　終戦時引渡し

甲標的関連年表

年（昭和）	月	所轄	甲標的戦備の推移	教育	編成・施設
6年	11月	艦政本部	艦政本部第1部第2課長岸本鹿子治大佐発想		
7年	8月		具体化計画に着手		
	10月		製造訓令公布 呉工廠にて製造（第1次試作）		
8年	8月		実験訓令公布、伊予灘・宿毛沖にて性能試験 実験搭乗員加藤良之助少佐、原田新機関中尉		
9年	12月		実験終了		
13年	8月		改良計画書作成、「千歳」「千代田」進水		
14年	7月		第2次試作2基の製造訓令公布 本訓令公布から甲標的と公称		
15年	4月		第1号艇完成		
	5月		伊予灘・宿毛湾にて実験 実験搭乗員 関戸好密大尉、堀俊雄機関中尉		
	6月		第2号艇完成		
	7月		「千代田」に於ける発進実験		
	10月		第3号〜第12号製造訓令公布		
	11月	千代田・日進	11/15 甲標的、兵器に正式採用 指導官 加藤良之助中佐	第1期講習員	「千代田」母艦になる
	12月		第13号〜第36号の製造訓令公布		
16年	4月			第2期講習員	「日進」母艦になる
	8月		第12号艇まで完成、第7号艇練習用となる		
	10月		10/20〜11/10 母潜5隻に甲標的搭載工事施工	第3期講習員	
	11月		甲標的53基の製造方針決定（千代田型3隻分45基、 訓練用3基、潜水艦搭載用5基）		
	12月		12/8 第1次特別攻撃隊ハワイ攻撃 12/11「千代田」「日進」は第2状態となすべき旨訓令公布		
17年	1月			第4期講習員	
	5月		5/31 第2次特別攻撃隊シドニー、ディエゴスワレス攻撃		
	6月		ミッドウェー攻撃参加（関戸隊）	第5期講習員	
	7月		キスカ島進出（乙坂隊）		大浦崎工場完成
	9月	P基地井元事務所			P基地設営
	11月		ガ島泊地攻撃		
	12月		特型運貨筒生産開始	特運筒1期講習員	
18年	1月		特運筒ガ島進出		
	7月		キスカ島撤退（国弘隊） 甲標的乙型試作、実験搭乗員 篠倉治中尉、黒木博司中尉		
	9月		甲標的丙型生産開始		
	10月		運砲筒ソロモン、ニューギニア出動	第6期講習員	
	12月		丙型ラバウル進出（門隊）		

年(昭和)	月	所轄	甲標的戦備の推移	教育	編成・施設
19年	1月		ハルマヘラへ出撃(大友隊)		
	2月			第7期講習員	
	4月		トラックへ進出(里隊)		
	5月		甲標的丁型(蛟龍)試作開始	第8期講習員	
	6月		海龍試作、実験搭乗員前田冬樹中尉	第9期講習員	
	7月	第1特別基地隊	里隊サイパンで玉砕	第10期講習員	第1特別基地隊編成
	8月		甲標的 輸送艦搭載試験実施 ダバオ進出(小島隊) 父島進出(篠倉隊)		
	9月		沖縄進出(鶴田隊) サンボアンガ進出(市川隊)	第11期講習員 第12期講習員	
	10月		セブ進出(笹川隊)		
	11月		セブ進出(島隊)、市川隊、笹川隊、島隊に編入 セブ隊、ミンダナオ作戦	海龍1期講習員	油壺海龍基地設営
20年	1月		マニラへ出撃(後藤隊) 沖縄へ出撃(花田隊 丁型蛟龍使用開始) 蛟龍、海龍量産開始		
	2月		沖縄へ出撃(三笠隊)	第13期講習員	
	3月	第1特攻戦隊	沖縄進出(大河隊)鶴田隊に編入		
		第2特攻戦隊	セブ隊陸戦に移る		
		第10特攻戦隊	沖縄鶴田隊、上陸米軍攻撃		
	4月		沖縄鶴田隊、陸戦に移る	第14期講習員	
	5月			第15期講習員 第16期講習員	
	7月			第17期講習員 第18期講習員	
	8月			第19期講習員 第20期講習員	

参考資料/参考文献

『戦史叢書　潜水艦史』防衛研究所/著　朝雲新聞社
『日本海軍潜水艦史』日本海軍潜水艦史刊行会/編
『特殊潜航艇』佐野大和/著　図書出版社
『特潜会会員名簿』特潜会/編
『決戦特殊潜航艇』佐々木半九・今和泉喜次郎/著　朝日ソノラマ
『特殊潜航艇戦史』ペギー・ウォーナー　妹尾作太郎/著　時事通信社
『深海からの声』富永孝子/著　新評論
『甲標的』栗原隆一/著　波書房
『静かな自裁』飯尾憲士/著　文藝春秋
『回天に賭けた青春』上原光晴/著　学研
『潜水艦伊16号通信兵の日誌』石川幸太郎/著　草思社
『高松宮日記』高松宮宣仁親王/著　中央公論
『海軍水雷史』海軍水雷史刊行会/編　原書房
『日本海軍の潜水艦』勝目純也/著　大日本絵画
「特別攻撃隊AI攻撃詳報」特別攻撃隊指揮官　佐々木半九
「特潜会報(第1号〜第30号)」特潜会/編
「甲標的雷撃に成功せり、コンピュータ解析が示した新事実を検討する」植田一雄/世界の艦船　2000年5月
「海底に眠る甲標的を憶う…」植田一雄/世界の艦船　2001年4月
「甲標的の真珠湾進入　その困難さを多角的に検証する…」植田一雄/世界の艦船　2001年8月
「日本海軍特殊潜航艇「蛟龍」第16期艇長講習員たちの回想」植田一雄/世界の艦船　2002年5月
「特殊潜航艇「甲標的」のシドニー港襲撃から60年　松尾艇の歩みを振り返る…」植田一雄/世界の艦船　2002年11月
「シドニー攻撃から60年を経て豪国防省が公表した甲標的の新事実…」植田一雄/世界の艦船　2003年5月
「絶てなかった無責任の連鎖　杜撰を極めた甲標的真珠湾攻撃の事後評価…」植田一雄/世界の艦船　2003年8月
「労のみ多く戦果が挙がらなかった　甲標的基地作戦の総括…」植田一雄/世界の艦船　2003年12月
「泥縄的な成果しか得られなかった　特殊潜航艇艇長の真珠湾事前偵察…」植田一雄/世界の艦船　2004年5月
「甲標的は『特攻』兵器」だったのか?…」植田一雄/世界の艦船　2004年12月
「甲標的　真珠湾幻の戦果　不十分な時刻帯認識がもたらした錯誤」植田一雄/世界の艦船　2005年8月
「甲標的開発の謎　発想から制式化までの9年間」植田一雄/世界の艦船2006年6月
「甲標的真珠湾使用の謎　兵器採用から九軍神までの1年間」植田一雄/世界の艦船　2006年11月
「ガ島攻防戦における甲標的の戦い」植田一雄/世界の艦船　2007年4月
「検証　あれが日本海軍特殊潜航艇の航跡だ」植田一雄/月刊丸　1995年4月
「未完の秘密兵器『甲標的』海底の軌跡」植田一雄/月刊丸　2000年2月
「未完の秘密兵器『甲標的』海底の軌跡　続」植田一雄/月刊丸　2000年3月
「真珠湾攻撃『甲標的』59年目の航跡・写真解析」植田一雄/月刊丸　2000年6月
「忘れ去れらたセブ甲標的隊ミンダナオ海の奮戦」植田一雄/月刊丸　2001年3月
「シドニー攻撃『甲標的』艇内写真」植田一雄/月刊丸　2001年6月
「甲標的『横山艇』燃える軍港から帰投せず」植田一雄/月刊丸　2002年7月
「旗艦長門が語った山本長官の特殊潜航艇への思い」植田一雄/月刊丸　2003年1月
「真珠湾攻撃『甲標的』幻の戦果がもたらした大いなる禍根」植田一雄/月刊丸　2003年8月
「マダガスカル島攻撃『甲標的』隊員の栄誉と無念」植田一雄/月刊丸　2004年8月
「戦史再発掘　真珠湾攻撃『甲標的』搭載魚雷は何処にあったのか」植田一雄/月刊丸　2005年1月
「戦史再研究　真珠湾侵入『甲標的』に米戦艦群攻撃はできたのか」植田一雄/月刊丸　2005年8月
「海軍人物伝　真珠湾潜入『甲標的』艇長・岩佐直治大尉の壮絶な戦い」植田一雄/月刊丸　2005年11月
「真珠湾外に消えた三隻の甲標的の航跡」植田一雄/月刊丸　2006年7月
「65年目に返還された甲標的搭乗員の遺品」植田一雄/月刊丸　2008年4月
「特殊潜航艇の開発と用法」植田一雄/波濤　2000年1月
「甲標的11号艇の奮戦」植田一雄/波濤　2006年11月
「奮戦セブ甲標的隊」勝目純也/歴史群像　2009年12月
「突入ガ島の甲標的作戦」勝目純也/歴史群像　2010年6月

写真・資料提供・協力者

伊藤 進/植田一雄/川上鉄男/出羽吉次/徳永道男/夏川英二
特潜会/伊呂波会
伊沢保穂
大和ミュージアム/潮書房光人社/U.S.NAVY
(有)ファインモールド

あとがき

今から約10年近く前、日本海軍潜水艦出身者交友会である伊呂波会を通じて、植田一雄氏と面識を得た。植田氏は海軍兵学校第74期、第16期甲標的艇長講習員出身である。戦後は海上自衛隊に進まれ、練習艦隊司令官など要職に就かれたのち、海将で退職されている。

氏は海上自衛隊勤務のかたわら甲標的戦史の調査・研究に強い情熱を持たれ、昭和45年に元甲標的講習員で結成された『特潜会』において大変熱心に戦死された搭乗員への慰霊顕彰、戦史研究を続けてこられた。特に平成12年(2000年)以降は長年に渡る研究成果を「世界の艦船」や「月刊丸」に次々と執筆され、その内容は実に開発から真珠湾をはじめ各戦域に渡る幅の広いもので、極めて貴重なものであった。

小生はそういった植田氏から甲標的について直々にご指導をいただける幸運に恵まれ、また同時に貴重な文献、資料も豊富にご提供いただいた。その一方で植田氏は、これまでまとめてこられた研究成果、ならびに各雑誌に求めに応じて書かれてきた、断片的なテーマを集大成し、通史として編纂される必要性を感じていた。しかしながらご高齢に加え、近年体調を崩されたこともあり、執筆された内容を再検証し、あらためて編集・編纂されることは断念されているということを聞き、是非にと小生がその大役を担うことを申し出た。幸いにしてご了承をいただき、そこから月に1度、厚かましくもご自宅に長時間お邪魔して、こと細かなご指導をいただいた。また、その間も追加の資料や所見をいただくことは珍しくなかった。

本書の執筆にあたっては可能な限り植田氏がこれまで書かれてきた内容を活かすよう努力したが、いたらない点はお詫び申し上げたい。

甲標的の戦史についてはまだまだ解明されていない事実も少なくない。搭乗員は露と消え、遺された船体は何も語らず真相は永遠に闇の中である。

そのため、本文中にも何度か書いたが、いわゆる「状況証拠」「推定」という範囲での一定の結論である部分も存在することをお断りしておく。

最後に、上記した協力者の皆様に心から御礼申し上げ、また日本海軍潜水艦史の第1段として本書を具体化していただき、編集についても努力を惜しまず尽力いただいたアートボックスの吉野泰貴氏にも感謝したい。

平成23年5月27日
勝目純也

【著者】

勝目純也（かつめ・じゅんや）

昭和34年（1959年）神奈川県鎌倉市に生まれる。

曽祖父は海軍大将 野間口兼雄。親族に多数の陸海軍人がおり、幼少の頃からとくに海軍に興味を持って育った。社会人になってから本格的に海軍史に興味を覚え、主に潜水艦戦史を専門に研究を続け、現在は情報機器関連メーカーに勤務のかたわら研究成果を書籍、雑誌、機関紙に執筆している。

著書に『日本海軍の潜水艦　その系譜と戦歴全記録』（大日本絵画刊）がある

・財団法人 三笠保存会 評議員
・日本海軍潜水艦出身者交友会『伊呂波会』事務局長
・潜水艦殉国者慰霊祭連絡会委員
・東郷会常務理事

日本海軍潜水艦戦史

海軍特殊潜航艇

真珠湾攻撃からディエゴスワレス、シドニー攻撃隊まで

発行日	2011年7月21日　初版　第1刷
著者	勝目純也
カラーイラスト	加藤単駆郎
本文艦型図	畑中省吾 胃袋豊彦
地図作成	宮永忠将
装丁	大村麻紀子
デザイン	梶川義彦
編集担当	吉野泰貴 / 関口巌
発行人	小川光二
発行所	株式会社 大日本絵画 〒101-0054 東京都千代田区神田錦町1丁目7番地 TEL.03-3294-7861（代表） http://www.kaiga.co.jp
編集人	市村 弘
企画／編集	株式会社アートボックス 〒101-0054 東京都千代田区神田錦町1丁目7番地 錦町一丁目ビル4階 TEL.03-6820-7000（代表） http://www.modelkasten.com/
印刷	大日本印刷株式会社
製本	株式会社ブロケード

ISBN978-4-499-23055-1 C0076

内容に関するお問合わせ先：03（6820）7000（株）アートボックス
販売に関するお問合わせ先：03（3294）7861（株）大日本絵画